OPEL REKORD STORY

VON OLYMPIA BIS OMEGA

Alexander F. Storz

Motor
buch
Verlag

Dank und Bildnachweis:
Es geht nicht alleine vom Schreibtisch aus. Ein automobilhistorisches Buch entsteht nicht ohne Netzwerk, ohne Freunde oder zumindest freundschaftlich gesonnene Informanten, ohne Ideen-Zuträger und Fotolieferanten. Ihnen allen dankt der Autor: Archiv Bayerischer Rundfunk (1), Archiv Waldemar Behn (3), Archiv Matthias Braun (4), General Motors do Brasil - Beatriz Matarazzo, Archiv Holden (9), Archiv Opel (45), Archiv Pininfarina (1), Archiv Porsche - Jens Torner (1), Archiv Siemens (1), Archiv Alexander Franc Storz (263), Archiv Südwest-Rundfunk (1), Archiv Vauxhall (10), Stadtarchiv Neu-Ulm (2), Eckhart Bartels, Reinhard Barthel (1), Jens-Peter Berthmann (1), Wolfgang Diem (19), Nevit Dilmen (1), Christian Fries (8), Familienalbum Gilbert/Gerigk (1), Klaus Holl (2), Fa. Irmscher Opel-Tuning (4), Fa. Mattig Opel-Tuning (1), Fa. Steinmetz Opel-Tuning (2), Museum für Verhütung und Schwangerschaftsabbruch, Wien (1), Matthias Schmidt (2), Paul Simsa (1), Alexander Franc Storz (13), Reinhard Veit (1), Frank Warkus (2).

Dieser Buchtext wurde von einem Menschen ohne jegliche Zuhilfenahme künstlicher Intelligenz erstellt.

ISBN: 978-3-613-04587-3

1. Auflage 2023

Sie finden uns im Internet unter www.motorbuch-verlag.de

Lektorat: Joachim Kuch
Innengestaltung: Jürgen Knopf, 74321 Bietigheim
Druck und Bindung: Conzella, 85609 Aschheim-Dornach
Printed in Germany

Inhalt

Ein Traumwagen für die Mittelschicht

Erstrebenswert ist Vieles. Erreichbar nur Weniges. Das liegt in der Natur des Menschen, der gerne von schönen Sachen träumt, die er sich wohl nie wird erfüllen können. Aber es gibt auch Realisten. Die schätzen sich und ihr soziales und finanzielles Potenzial richtig ein. Auch sie träumen. Und sie sind in der Lage, ihre Träume irgendwann zu realisieren. VW-Käfer-fahrende Realisten träumten vom Opel Rekord. Für sie war er erstrebenswert. Und erreichbar. Es ist selten, dass ein Autotyp gleichbedeutend mit einem erreichbaren Traum ist.

Den Opel Rekord gab es zwischen 1953 und 1986, also einen Opel mit Namen Rekord. Wir fassen das Fahrzeug etwas weiter und behandeln in diesem Opel-Rekord-Buch auch Opel, die nicht Rekord heißen. Das »Genre Rekord« muss nicht zwangsläufig »Rekord« bedeuten. Denn es geht um das ehemalige Volumenmodell aus Rüsselsheim, den Mittelklässler, der als Auto alle Transformationen miterlebte, welche die gesellschaftliche Mittelklasse durchlief. So gesehen ist der Opel Rekord das Symbol für die deutsche Mittelklasse, soziologisch ebenso wie automobil.

Der erste Rekord von 1953, damals noch »Olympia Rekord« getauft, geht auf den Opel Olympia von 1935 zurück, der ein innovatives und wegweisendes Stück Automobilgeschichte ist, denn er war der erste in Großserie am Fließband gebaute Wagen mit selbsttragender Karosserie. So wegweisend und innovativ sollte der Rekord nie wieder sein, denn er war nicht als technische Avantgarde konzipiert, sondern als vernünftiger Liebling der Mittelklasse. Allenfalls der Omega A als einer der letzten Vertreter von Opels Mittelklasse kann mit seinem radikal niedrigen Luftwiderstandsbeiwert als Rüsselsheimer Superlativ begriffen werden. Doch da hieß er ja bereits »Omega«, der Rekord, der nicht mehr Rekord heißen durfte, denn Mitte der Achtziger hatte ihn der Mittelstand nicht mehr lieb: Der Name schien nicht mehr in die Neuzeit zu passen. Und auch technisch war er ganz anders. Nach zahlreichen Rekord-Generationen brauchte Opels neue Mittelklasse, die vom Vorgänger allenfalls die Motoren erbte, auch einen neuen Namen. Er gehörte jetzt zur oberen Mittelklasse, auf ihm basierte sogar die Opel-Oberklasse.

Ab ungefähr 1980 war nämlich nicht mehr der Rekord, sondern der Ascona das Volumenmodell bei Opel und bediente die Mittelschicht-Käufer. Der Rekord durfte aufsteigen und erhob sich, geadelt zum Omega, in die gehobene Mittelklasse, dort, wo etwa Audi schon war. Zwei Generationen lang hat Opel mit dem Omega versucht, in der oberen Mittelklasse Fuß zu fassen – und stieg mit ihm hinab ins Grab und beerdigte mit ihm alle weiteren Ambitionen. Denn Opel gab dieses Segment auf, wie ein paar Jahre zuvor schon Erzrivale Ford sich mit dem Scorpio von seinen Aufstiegsträumen verabschiedet hatte. In der gehobenen Mittelklasse oder unteren Oberklasse – egal, wie man dieses Autosegment nennen mag –, kaufte »man« weder Opel noch Ford mehr, sondern einen Mercedes, Audi oder BMW.

Dieses Buch befasst sich mit der Opel-Mittelklasse, dem Rekord. Es beginnt mit dem Vorkriegs-Olympia von 1935 und endet 2003 mit dem Produktionsauslauf des Omega B. Es beleuchtet jede Generation historisch, technisch und auch ein bisschen soziologisch, natürlich auch den Luxus-Rekord namens »Commodore«, den feineren Zwilling des Rekord zwischen 1967 und 1982. Ein Schrauberhandbuch ersetzt dieses Werk nicht, dafür seien Reparaturleitfäden empfohlen, derer es genügend gibt.

Mit dem Opel Rekord hatte nahezu jeder Westdeutsche, der älter als ungefähr 40 Jahre ist, bereits zu tun – auch wenn er kein Auto- oder Klassikerenthusiast ist. Man konnte sich dem Rekord nicht entziehen. Zeitweise war er, nach dem Volkswagen Käfer, das am zweitbesten verkaufte Auto Westdeutschlands. Und ein Exportschlager war er ebenfalls, wahrlich nicht nur in den Nachbarländern. Diese Export-Rekord, aber vor allem die im Ausland montierten Rekord, sind sehr reizvolle Variationen des Themas, und sie behandelt dieses Buch ebenfalls, sogar recht ausführlich. Denn ein »normaler« Rekord birgt technisch für Opel-Enthusiasten nicht mehr allzu viele Neuigkeiten. Aber wer kennt die brasilianischen oder mexikanischen Ableger, die Opel Rekord, die in Südafrika, der Schweiz oder in Belgien hergestellt wurden? Und deren Besonderheiten? Das ist spannend!

Das Buch lebt von Illustrationen. Natürlich finden Werksfotografien ihren Platz, denn sie zeigen die Fahrzeuge im Neuzustand und so, wie es dem Werk gefiel. Aber so sahen sie auf der Straße nur sehr kurz aus. Deshalb greift das Buch vorwiegend auf private Negative und Dias zurück. Sie zeigen den Opel, wie er wirklich auf der Straße aussah (und natürlich auch, wie die Straße damals aussah). Das sind zeitgenössische und authentische Fotos, welche dem Betrachter eine Zeitreise erlauben, welche ihn und seine Erinnerung mit dem Bildinhalt verschmelzen lassen. Worauf weitgehend verzichtet wird, sind aktuelle, digitale Aufnahmen restaurierter Klassiker. Die glänzen zwar um die Wette, wenn sie sich auf Treffen präsentieren, aber mit Authentizität haben diese Fahrzeuge meist wenig gemein. Sie sehen so aus, wie sie ihren Eigentümern gefallen und wie diese sie haben restaurieren lassen. Das ist anerkennenswert und schön. Aber es ist nicht historisch. Und wir wollen den Rekord ja in erster Linie historisch in die Automobilgeschichte einordnen.

Ulm, im Oktober 2023

Alexander F. Storz

Der Ur-Rekord war 1935 der revolutionäre Olympia, mit dem dieses Buch ebenfalls seinen Anfang nimmt. Dieser hat den Krieg überlebt und verbrachte seine letzten Tage in der DDR. Er trägt eine nachträglich angebrachte Gepäckbrücke und wird von einem offenen IFA F9 und einem H 3 A Lastwagen flankiert. Man parkt ein wenig außerhalb der Ortschaft, womöglich anlässlich einer Veranstaltung. Das umgrenzte Areal mitten in der Wiese mag ein Fußballplatz sein und womöglich liefern sich bald die beiden lokalen Fußballvereine ein spannendes Match.

Ein Campingplatz muss nicht idyllisch gelegen sein, nicht mal im Grünen. Nähe zur Urbanität hat auch ihre Vorteile. Nähe zu einer lauten Landstraße allerdings weniger. Opel Olympia Rekord '56 als Limousine und Kombi, Fiat 600 und heckmotorige Volkswagen (Käfer und Bulli). Der schicke Pseudo-Amerikaner im Hintergrund, Türkis mit Weiß, ist ein Ford Taunus 17m P2 Kombi.

Ein unnachahmlicher Schnappschuss mit einem 1957er Olympia Caravan. Ein Geier, wo immer er herkommen mag, überprüft fachkundig den Luftdruck am Hinterreifen. Der Herr mit Gehstock im Hintergrund scheint seinen Augen nicht zu trauen.

Absolute 50er-Jahre-Folklore. So und nicht anders stellt man sich den Höhepunkt des Wirtschaftswunders vor: Olympia Rekord P I in der damaligen Trendfarbe Koralle mit weißem Dach, auf dem Weg zum Wintersport, an pittoresker Gasolin-Tankstelle. Dieses Ideal existierte tatsächlich in der Realität.

Nochmals mondäner Wintersport, der Nachfolger: Rekord P II an der Segantinihütte in Graubünden. Laut Plakat bietet sie das »großartigste Panorama der Dolomiten«.

Auch hier schroffe Gipfel im Hintergrund, aber kein Winter. Viertüriger Rekord A 1700 mit Luxus-Paket (der Heckschriftzug lässt nichts Wichtiges aus!). Ein Haltepunkt am See, die Aussicht, das Panorama, das Wasser, das rote Kleid – Anfang der 60er Jahre erreichten die Westdeutschen einen nie gekannten Lebensstandard. Und der Rekord gehörte dazu.

Nirgends sind mehr Opel gleichzeitig zu sehen als auf dem Hof eines Opel-Händlers (allenfalls auf dem Haldenplatz in Rüsselsheim oder Bochum). Aufnahme 1969 in der Pasinger Filiale des Münchner Opel-Händlers Häusler mit etlichen Rekord-Generationen, und die jüngste ist der Rekord C.

Brandneuer Rekord C 1700 im Jahre 1968. Oma wird zum Essen abgeholt. Die Familie hat sich schick gemacht, Mutter in Grün, Vater im Anzug, Hans-Joachim sogar mit Krawättchen.

Zehn Jahre später geht es auf Familienfotos ungezwungener zu: Das Kennzeichen »WST« steht für Westerstede, weit oben im Norden, nicht weit von Bremen und der Nordseeküste. Die beiden Schwestern Iris und Sylke im Partnerlook, Papas Commodore B in Weiß mit Vinyldach, hauchzarter »Coachline« an den Flanken und getönten Scheiben. Schicker Wagen!

Kapitel 1

Vor dem Krieg gab es keinen Opel Rekord. Aber es gab einen Hanomag Rekord. Der wäre fast der erste Diesel-Personenwagen der Welt geworden, wenn Daimler-Benz nicht schneller gewesen wäre. Beide wurden auf der Berliner Automobilausstellung 1936 (der Vorgängerin der IAA) präsentiert. Aber der Mercedes 260 D war sofort lieferbar, der Hanomag Rekord Diesel erst später. Der Hanomag Typ 15, 1933 vorgestellt, war ein Wagen der untersten Mittelklasse (oder ein größerer Kleinwagen), als Benziner 1,5 Liter und 32 PS, ungefähr die Größe des 1935er Opel Olympia. Nach dem Krieg konzentrierte sich Hanomag auf Nutzfahrzeuge und verwendete den Namen »Rekord« nicht mehr. Es stand Opel also frei, sich seiner zu bemächtigen. Vor dem Krieg nicht. Da gab sich Opel sportlich und nannte sein Volumenmodell Olympia. Und aus dem Olympia wurde 1953 der Olympia Rekord und 1960 der Rekord ohne Olympia. Der Name »Olympia« ohne »Rekord«-Zusatz wurde dann degradiert für die Sparausführung.

Auch wenn in der Ahnenreihe der 1935er Olympia in einer Linie mit dem späteren Rekord zu sehen ist, so ist der eigentliche Vorgänger des Opel Rekord, reduziert auf seine soziale Stellung innerhalb der automobilen Hierarchie, doch ein anderer, nämlich der Opel 4/20 PS aus den 20er Jahren.

Der erste Rekord war kein Opel. Der erste Rekord hieß Hanomag und war ein 1,5-Liter-Wagen der unteren Mittelklasse, somit also durchaus im Segment des späteren Opel Olympia und des frühen Opel Rekord. Der Hanomag Rekord Typ 15 K, Jahrgang 1934 bis 1936, trägt eine Ganzstahlkarosserie in »Jupiter-Form« von Ambi-Budd in Berlin.

Der Stellenwert dieses Opel entspricht jenem, den nach dem Krieg ein Rekord innehatte: die grundsolide Mittelklasse. Der Opel 10/40 PS ist ein früher Vertreter seiner Zunft, 1925 bis 1927, noch das eckige Dach.

Opel 10/40 PS: Die grundsolide Opel-Mittelklasse

Die Goldenen 20er repräsentiert kaum ein Auto mehr als der Opel 10/40 PS. Er rettete Opel in turbulenten Zeiten, die für das Unternehmen dann im Schoße von General Motors endeten. Damals übte sich nicht nur das Deutsche Reich in Demokratie. Auch das Automobil begann in der zweiten Hälfte des Jahrzehnts seinen Demokratisierungsprozess. Daran war Opel, damals noch ein inhabergeführtes Familienunternehmen, massiv beteiligt. Mit dem »Opel 4 PS« alias »Laubfrosch« setzte Opel erstmals auf das Fließband und avancierte damit zum Großserienhersteller und zur Nummer Eins in Deutschland. Die Rüsselsheimer investierten viel Geld in der zweiten Hälfte der 20er Jahre und revolutionierten den Automobilbau. Mittels neuartiger Tiefziehpressen konnten größere Formblechteile als zuvor verwendet werden, ein wesentlicher Schritt hin zur Ganzstahlkarosserie anstelle von handarbeitsaufwändigen Holzgerippen mit Stahlbeplankung. Weitere Neuerung: Opel stellte auf spritzlackierte, in Minutenschnelle trocknende Nitrolacke um und spendierte Karosserie-Einzelteilen ab 1927 sogar eine Tauchbadgrundierung.

Nachdem sich der Geldmarkt nach der Hyperinflation 1923/24 beruhigt hatte, stillten die Deutschen ihren Nachholbedarf und kauften fleißig ein, auch Autos. Doch die Neuwagen wurden auf Pump gekauft. Auch Opel baute durch die Modernisierung des Maschinenparks, um Neuerscheinungen auf den Markt zu bringen, einen riesigen Schuldenberg auf. Dann kam die Krise, und Opel wäre Ende der 20er Jahre wie so viele andere Firmen ein Kandidat für den Kollaps gewesen. Doch General Motors übernahm Opel, und so überlebten die Rüsselsheimer die Weltwirtschaftskrise 1929.

Warum ausgerechnet 10/40 PS?

Der Opel »Modell 80« hieß im Verkauf Opel »10/40 PS« nach der damals gültigen Kfz-Besteuerung. Es gab eine aus der Motorleistung abgeleitete Steuerformel, die weit von der tatsächlich wirksamen Leistung entfernt war. Daraus resultiert die Doppelangabe 10/40 PS: 10 PS mussten versteuert werden, technisch wirksam waren aber 40 PS Höchstleistung.

Diese Regelung galt vom 3. Juni 1906 bis 31. März 1928. Danach wurde der Hubraum die Grundlage für die Kfz-Steuer bei Pkw, bei Lkw und Bussen das Gewicht. Das änderte die Typbezeichnungen. So wurde beispielsweise aus dem Opel »4/12 PS« der Opel »1,2 Liter«. Die reine Hubraumsteuer galt sehr lange bis 1985. Dann wurden zunächst drei Schadstoffklassen eingeführt, 1997 waren es sechs, und seither orientiert sich die Kfz-Steuer nach der Schadstoffemission des Autos mit Verbrennermotor.

Bis dahin aber war der Mittelklasse-Opel 10/40 PS von 1925 bis 1929 ein reines Brot-und-Butter-Auto ohne jegliche Finessen, aber ausgereift und unglaublich erfolgreich. Er avancierte zum beliebtesten Mittelklasse-Wagen seiner Zeit, quasi ein Vorbote des Nachkriegs-Rekord. In seiner Ära war der Opel 10/40 PS kein Schrittmacher. Es gab schon damals weit fortschrittlichere Autos. Aber im Gegensatz zu diesen aufwändig konstruierten, teilweise exaltierten und auch in der Herstellung teueren Fahrzeugen spülte der Opel 10/40 PS (eigentlich »Modell 80«) Geld in die Kassen der Rüsselsheimer. Vor fast 100 Jahren markierte er die automobile Mittelklasse, ein grundsolides Alltagsauto. Der Wagen ist klassisch, nichts als klassisch, und entspricht optisch derjenigen Generation der Automobile, die sich von der Kutschenbauweise emanzipiert hatte, aber nach wie vor aus einer Kombination unterschiedlicher, deutlich erkennbarer Funktionsteile bestand: Motorraum, Scheinwerfer, Kotflügel und Fahrgastraum. Der Kofferraum war in den Fahrgastraum integriert – reichte das Volumen nicht aus, so wurde ein Lederkoffer auf ein außen liegendes Gestell geschnallt. Die Autos waren länglich, hoch und schmal, das vertikale Element wurde betont. Der Innenraum entspricht bei weitem nicht der Außenbreite von 1,77 Metern. Rund 20 Zentimeter gingen rechts und links ab, nämlich die Breite der ausgestellten Kotflügel und Trittbretter. Es ist erstaunlich, wie eng es im Inneren dieser Oldtimer vor sich ging, trotz ihrer stattlichen Außengröße.

Es war die Ära der »Goldenen 20er Jahre«, wie sie in Deutschland genannt werden, die Amerikaner sagen dazu »Roaring Twenties« – gemeint ist der weltweite Aufschwung der Konjunktur, die Blütezeit der Kunst, Kultur und Wissenschaft – wiewohl diese um ländliche Gebiete meist einen großen Bogen machte. In diesem optimistischen Klima relativer Sicherheit gönnten sich viele Deutsche ein Auto. Natürlich nicht alle, für die meisten war selbst ein Opel Laubfrosch unerreichbar, geschweige denn ein 10/40 PS. Aber der wohlhabende Mittelstand konnte ihn sich leisten. Da aber auch er auf das Geld achten musste, gierte er weniger nach Extravaganzen und technisch fragwürdigen Revolutionen, sondern nach einem bodenständigen Automobil. Das bot ihm Opel.

Als 10/50 PS wurde der vierzylindrige Opel Modell 80 im Mai 1925 vorgestellt, als 10/40 PS verbreitete er sich rasend und wurde in 13.161 Exemplaren bis November 1929 gebaut. Das Modell 80 erlebte zur Halbzeit seines Lebenszyklus' Mitte 1927 eine optische Überarbeitung. Am signifikantesten war der neue Kühlergrill. Er entsprach einer aus den USA kommenden Mode. Das streng klassizistische Design im Stile der Akropolis wurde verweichlicht, gerundet. So entstand der so genannte »Packard-Grill«, eine rund fünf Jahre währende Modeerscheinung. Das Volumenmodell, die viertürige Limousine, erhielt auch ein anders gestaltetes Dach. Im hinteren Bereich war es fortan abgerundet, was durch neuartige Tiefziehpressen bewerkstelligt werden konnte. Zuvor wurden große, einteilige Blechteile aus gewalztem Stahl hergestellt und einfach abgekantet.

Besitzerstolz: Überarbeitete Opel 10/40 PS Limousine mit Packard-Grill, doppeltem Karosseriezierstreifen und abgerundetem Dach. Auf dem Vorderkotflügel weht ein ADAC-Wimpel.

Es war damals üblich, aus jedem Fahrzeugtyp durch unterschiedliche Aufbauten eine ganze Modellreihe zu generieren. Das war auch nicht schwierig, bestand das Ensemble ja aus zwei wesentlichen Einzelteilen: dem separaten Chassis – im Falle des Opel 10/40 PS eines U-Profil-Pressstahlrahmens –, das sämtliche Technikkomponenten inklusive Motor beinhaltete, sowie dem ebenfalls separaten Aufbau, der keinerlei tragende Funktion innehatte. Technisch betrachtet war die Karosserie

Von allen imitiert: der legendäre Packard-Grill

Packard war eine US-Luxuswagenmarke aus Detroit, zunächst selbständig, in den 50er Jahren von Studebaker übernommen. Der damalige Präsident und Generaldirektor Alvan Macauley wollte den Packard individuell gestalten und zeichnete selbst den typischen Grill, der alle Packard ab 1924 charakterisierte. Diese Form wurde innerhalb kürzester Zeit so modern, dass sie von nahezu jedem amerikanischen und etlichen europäischen Autobauern in den Jahren 1927/28/29 imitiert wurde. Von Macauley stammt auch der legendäre Packard-Werbespruch: »Ask the man who owns one.«

Das Vorbild für die Kühlergrillform: der Packard von 1925 mit seinem typischen Kühlergrill, aufgenommen bei einer Veteranenveranstaltung in Texas im November 1960.

lediglich das »Häuschen«, das Chassis bildete dessen Boden. Ein Boden ohne Haus kann existieren, ein Haus ohne Grundstück nicht. So waren die Karosserien austauschbar. Auf dem Standard-Chassis mit drei Metern Radstand offerierte Opel zunächst die viertürige, fünfsitzige Limousine, das Volumenmodell. Es gab auch eine zweitürige Version mit denselben Außenmaßen, von Opel als »Stadt-Coupé« bezeichnet. Darüber hinaus lebte eine bereits im Aussterben begriffene Karosserieform im Opel Modell 80 weiter, der offene, viertürige Tourenwagen. Doch das Gebrauchsautomobil, ein Genre, zu welchem der Opel 10/40 PS sicherlich zu zählen ist, hatte sich Mitte der 20er Jahre zum geschlossenen Wagen entwickelt. Zunehmend standen der Reisekomfort und die Alltagstauglichkeit im Vordergrund und nicht mehr der Landschaftsgenuss. Opel offerierte ein verlängertes Chassis mit 3,25 Metern Radstand und bot es in zwei Karosserievarianten an, einmal als Pullman-Limousine, zum anderen als offenen Tourer, jeweils mit sechs bis sieben Sitzplätzen. Sämtliche werksseitig angebotenen Karosserien kamen aus der Rüsselsheimer Fabrik, externe Karosseriebauer waren nicht beteiligt.

Der 2,6-Liter-Motor entsprach dem damaligen technischen Stand: seitliche Nockenwelle, Antrieb durch Stirnräder, seitlich stehende Ventile, drei Kurbelwellenlager, Solex-Flachstromvergaser, Magnet- bzw. ab 1927 Batteriezündung, 40 PS stark. Er bewährte sich gut und trieb ab 1931 auch die vierzylindrige Version des Opel Blitz Lastwagens an. Dazu unsynchronisiertes Dreiganggetriebe, Stockschaltung. Das Fahrwerk verfügte, wie damals üblich, vorne und hinten über Starrachsen an Blattfedern. Sehr antiquiert waren die Bremsen. Während andere längst hydraulisch verzögerten, bremste der Opel 10/40 PS via Seilzug. Das war aber eine der wenigen Schwachstellen dieser Konstruktion. Entscheidender für den Erfolg war die Preiswürdigkeit, und da überzeugte der Wagen auf ganzer Linie. Durch rationelle Fertigung konnte Opel den Preis während der fünfjährigen Bauzeit kontinuierlich senken. So kostete 1925 der Viertürer 10.500 Reichsmark (RM), 1929 war er für 5400 RM zu haben. Das Chassis als Basis für Sonderaufbauten kostete anfangs 7000 RM, zuletzt nur noch 3750 RM.

Opel 10/40 PS als offener Tourenwagen der ersten Serie, aufgenommen bei der Süddeutschen Tourenfahrt 1925 im Taunus. Langstreckensporterfolge waren werbewirksam und steigerten das Renommee, denn sie bewiesen die Zuverlässigkeit.

Die Frontansicht verdeutlicht, wie schmal der nutzbare Innenraum doch im Verhältnis zur Gesamtbreite des Wagens ist. Im Bild ein in Mittelfranken zugelassener 10/40 PS.

Facelift-Version ab 1927: Packard-Grill und auf Tiefziehpressen geformte Kotflügel machen den Wagen moderner.

Die zweitürige Version des 10/40 PS bezeichnete Opel als Stadtcoupé. Offenbar war es nicht nur gut für die Stadt geeignet, sondern auch für Handlungsreisende.

Das ideale Taxi: Opel 10/40 PS als Pullman-Limousine mit dritter Sitzreihe, Radstand 3250 statt 3000 mm. Späte Variante 1925 bis 1927 mit abgerundetem Dach und Packard-Grill.

Opel lieferte auch unkarossierte Fahrgestelle mit kompletter Technik als Basis für Sonderaufbauten, hier ein Siemens-Lautsprecherwagen, gefolgt von einem Großlautsprecherwagen auf NAG-Fahrgestell, beide Baujahr 1927. Wer etwas zu sagen hatte, aber über keine laute Stimme verfügte, konnte sich einen Lautsprecherwagen mieten. Siemens hatte mehrere im Angebot, vorzugsweise auf Basis des Opel 10/40 PS, größere Fahrzeuge bauten auf Lastwagenfahrgestellen auf. Gemietet wurden sie von Zirkussen, Veranstaltern und von Kommunen, wenn sie Bürger über etwas Wichtiges informieren wollten.

Opel Olympia: Der erste moderne Opel

Der Olympia von 1935 war das erste Großserienauto mit selbst tragendem Ganzstahlaufbau. Opel, in jenem Jahr mit 102.293 gebauten Fahrzeugen der größte Autoproduzent Europas, setzte Maßstäbe und gilt als Meilenstein in der Automobilgeschichte. Denn vor dem Olympia gebaute Opel entsprachen der damaligen Standardbauweise: Eine Karosserie, bestehend entweder aus einem mit Blech verkleideten Holzrahmen oder, moderner, komplett aus Stahl geformt, wurde auf einen stabilen Rahmen gesetzt, an dem das Fahrwerk hing und der die gesamte Technik trug. So waren viele Karosserievarianten möglich, denn der Aufbau hatte keinerlei tragende Funktion - das übernahm der Rahmen als Rückgrat. Die Karosserie hingegen war sozusagen nur Aufenthaltsort für die Passagiere und sollte möglichst schön aussehen. Der Nachteil dieser Bauart war mangelnde Dauerhaftigkeit (Holz fault!), hauptsächlich aber das hohe Gewicht, das leistungsstarke Motoren bedingte. Das wiederum machte Autos teuer in der Produktion, in der Anschaffung und im Unterhalt.

In den 30er Jahren begann sich das Automobil zu demokratisieren, die Riege der Ingenieure und Konstrukteure träumte vom Volkswagen als Wagen für das Volk (im wahren Sinne des Wortes). Dazu musste das Automobil preiswert herzustellen und ebenso preiswert im Unterhalt sein. Also kleinere Motoren und notwendigerweise kleinere und leichtere Karosserien. Das Patent für Ganzstahlkarosserien lag beim amerikanischen Karosseriepresswerk Ambi, das es weltweit vermarktete. Die deutsche Niederlassung hieß Ambi-Budd und saß in Berlin-Johannisthal. Dort konnten Fahrzeughersteller im Lohnauftrag Ganzstahl-Aufbauten für ihre Autos herstellen lassen. Oder sie zahlten eine Gebühr und durften dann in Eigenregie nach dem Ambi-Patent produzieren. Das setzte tonnenschwere und sündhaft teure Karosseriepressen voraus. Diese Anschaffung scheuten kleinere Marken, Opel aber nicht und baute das Werk Rüsselsheim für diese Maschinen weitgehend um. Außerdem mussten neue Schweißtechniken und spezielle Tiefziehbleche entwickelt werden. Selbst der Ablauf am Fließband stellte das konservative Muster der Entstehung eines Automobils auf den Kopf. Die Rohkarosserie schwebte in Montagehöhe durch die Produktionshallen, und die »Eingeweide« wurden von unten eingebaut. Zuvor war es umgekehrt gewesen.

Wieso der Olympia Olympia heißt

Nicht nur die damalige Reichshauptstadt Berlin, sondern ganz Deutschland stand Mitte der 30er Jahre im Bann der bevorstehenden Olympischen Sommerspiele 1936. Das Ausland war angesichts der nationalsozialistischen Ideologie skeptisch. Doch Reichskanzler Adolf Hitler nutzte die Spiele als riesige Propagandamaschine, um der Welt zu zeigen, dass Deutschland ein friedliebendes, soziales und wirtschaftlich aufstrebendes Land sei. Außerdem nutzte er die günstige Gelegenheit, durch olympische Bauten die Arbeitslosigkeit weiter zu verringern.

Diese olympische Begeisterung beflügelte auch Opel in der Namensgebung für sein neues Modell. Der Name »Olympia« hatte bis in die 50er Jahre Bestand, wurde zugunsten von »Rekord« aufgegeben und erlebte Ende der 60er Jahre ein kurzes Revival, als die Luxusvariante des Kadett B erneut »Olympia« getauft wurde. Dessen Nachfolger wurde der Ascona.

Früher Olympia, noch mit Stahlscheibenrädern ohne Löcher, und mit einer Wärmeschutzplane am Kühler, damit der Motor und Innenraum schneller warm werden. Denn es ist sichtlich kalt in der durch den Polnischen Korridor vom Deutschen Reich abgeschnittenen Provinz Ostpreußen.

Die Vorkriegszeit: Vor dem Rekord war der Olympia

Optisch war der im Februar 1935 auf der Berliner Automobilausstellung präsentierte Olympia mit seinen in die Kotflügel integrierten Scheinwerfern zwar hochmodisch, aber nicht revolutionär. Sein 1,3-Liter-Motor mit 24 PS stammte aus dem Vorgänger Opel 1,3 Liter, ebenso die Vorderachse mit Einzelradaufhängung nach System des französischen Fabrikanten und Amateur-Rennfahrers André Dubonnet, die so genannte Synchronfederung mit »Dubonnet-Knie«, eine spezielle Art der vorderen Einzelradaufhängung. Hierbei stecken die Schraubenfedern zusammen mit den Stoßdämpfern in ölgefüllten Buchsen, die beim Lenken mit dem Rad drehen. Das sorgt für eine weiche Federung (O-Ton Opel: »Synchronfederung«) und minimiert Federeinflüsse beim Lenken. Es hat aber auch den Nachteil, dass sich Fahrzeuge mit Dubonnet-Knie fast schon erschreckend stark in Kurven neigen (ähnlich wie der Citroën 2CV). Das Dubonnet-Knie beim Opel war eine europäische Verlegenheitslösung. Opel-Fahrzeuge waren amerikanische Konstruktionen, und aufgrund der dortigen Topographie gab es damals keine US-Cars mit vorderer Einzelradaufhängung. Um stundenlang auf topfebenen Highways geradeaus zu fahren, brauchten amerikanische Wagen keine Fahrwerke mit Einzelradaufhängung, da genügten Starrachsen. Also half sich Opel mit dem Dubonnet-Patent.

Die Karosseriebauweise war sensationell, doch das Fachpublikum zeigte sich ob der Stabilität des Wagens skeptisch. Geradezu provokativ

Ein »gläserner« Olympia sorgte auf der Internationalen Automobil- und Motorradausstellung in Berlin vom 20. Februar bis 7. März 1937 für Furore. Das Foto zeigt das Original. Es ist verschollen. Doch es existiert ein Replikat, das Opel im August 1977 dem Deutschen Museum stiftete.

Die ersten Schatten im Sommer 1939, der Fahrer in Uniform. Die Olympia Cabriolimousine ist noch ziemlich jung, erste Serie mit Scheibenrädern, Aufnahme in Freising.

Ein ganz normaler, zweitüriger Opel Olympia '38, aufgenommen während des Krieges, aber in privater Hand. Der Wagen gehört einem Landarzt, und der hatte die Berechtigung, ihn behalten und bewegen zu dürfen. Denn er nutzte ihn dienstlich auf dem Weg zu seinen Patienten.

brachte Opel zunächst im April 1935 die Cabriolimousine auf den Markt (die damit noch eine geringere Karosseriefestigkeit aufwies als eine geschlossene Limousine), die Blechdach-Variante folgte ein halbes Jahr später im Herbst. Erste Tests ergaben: Nichts klapperte, nichts schepperte, keine Verwindung zeigte sich auf noch so schlechten Straßen. Der neue Olympia war so zuverlässig und gut wie jeder Opel zuvor. Doch 180 Kilo an Gewicht sparte die neue, selbsttragende Bauweise des Olympia gegenüber dem Vorgänger. Das machte ihn bei gleicher Motorisierung (1288 cm³, 24 PS) zehn Stundenkilometer schneller (100 km/h), agiler und sparsamer im Benzinverbrauch. Überdies wurde er um 350 Mark preiswerter (Kaufpreis 1935: 2500 Mark). Zum Modelljahr 1937 profitierte der Olympia von einem Vier-gang-Getriebe (nach wie vor unsynchronisiert), zwei zusätzlichen PS (26 statt 24) und hydraulischen Bremsen statt Seilzug. Optisches Erkennungsmerkmal der zweiten Serie: Stahlscheibenräder mit Löchern (»Artilleriefelgen«) und der Tankstutzen sitzt in der Karosserierückwand statt am linken hinteren Kotflügel. Im Dezember 1937 folgte der Nachfolger »OL38«. Von der ersten Olympia-Generation wurden 33.402 Exemplare gebaut, ein beachtlicher Erfolg für ein beachtliches Auto.

Olympia der zweiten Bauserie mit Artilleriefelgen als Cabriolimousine. Diese Bauform hatte viele Vorteile, wozu auch gehört, dass sich der stolze Eigner besonders fotogen positionieren kann. Ein Wagen mit Blechdach bietet diese Möglichkeit nicht.

Fast schon ein militärischer Kübelwagen auf Basis eines '35er Olympia. Ist es aber nicht, sondern ein in der DDR gefertigter Nachkriegsumbau, ein Cabriolet ohne Türen, Zulassung im Bezirk Leipzig und während einer Parade unterwegs.

Erneut ein DDR-Umbau auf einem übrig gebliebenen Olympia '35. Er mutierte zum Kombi und war, als er 1965 aufgenommen wurde, bereits 30 Jahre alt. Er hatte bestimmt viel gesehen und mitgemacht. Und das sieht man ihm an.

Ein übrig Gebliebener: Olympia des Baujahrs 1937, in Bayern 1951 am Straßenrand parkend gesehen. Der Wagen ist deutlich patiniert, aber macht einen brauchbaren Eindruck.

In der DDR überlebten Vorkriegsfahrzeuge viel länger als in Westdeutschland, und wer hier längst ein Oldtimer war, musste dort im Alltag dienen. 1935er Olympia, umgerüstet auf Gasantrieb, 1972 in Dresden am Altmarkt vor dem Café Prag fotografiert.

Die nächste Generation: Olympia OL 38

Der erste Olympia war ein 1,3-Liter-Wagen, der OL38 spielte eine Liga höher, in der 1,5-Liter-Klasse (der Opel mit dem Rekord bis in die 60er Jahre hinein treu bleiben sollte). Deshalb klaffte im Opel-Programm eine Lücke in der kleinen Klasse - vor allem, weil der eigentliche »Volks-Opel«, der legendäre P4, Ende 1937 eingestellt worden war. Also lancierte Opel den bescheidenen Kadett. Er wurde, ziemlich gleichzeitig mit dem OL38, ebenfalls erneuert. Kadett und Olympia sahen fast aus wie eineiige Zwillinge und werden heute gerne miteinander verwechselt. Der Kadett war das häufigere Auto und das meist verkaufte deutsche kleine Auto. Er war insgesamt kleiner als der Olympia (20 cm kürzer, 16 cm schmäler, 2 cm niedriger).

Der neue Olympia ab Dezember 1937 wuchs gegenüber seinem 1935er Vorgänger in jeder Dimension und war somit ein »erwachsenes« Auto, ein echter Mittelklässler. Strukturell blieb alles beim Alten, wobei dieses Alte nach wie vor sehr modern war: Opel hielt selbstverständlich an der selbsttragenden Ganzstahlkarosserie fest, bot aber neben den bisherigen Aufbauvarianten geschlossener Zweitürer und Cabriolimousine nunmehr auch eine Viertürer-Limousine an. Das Fahrwerk übernahm Opel nahezu unverändert vom Vorgänger (vorne Dubonnet-Knie, hinten Starrachse an Blattfedern). Neu war der Motor, kurzhubig und kopfgesteuert, gleichzeitig als 1,5-Liter-Vierzylinder für den Olympia sowie als 2,5-Liter-Sechszylinder für den Kapitän und den Blitz-Lastwagen entwi-

Olympia '38, nach dem Krieg offenbar neu aufgearbeitet, als privilegierter Privatwagen. Der in der Amerikanischen Zone Hessen zugelassene Wagen darf 1949 zusammen mit seinen Menschen zum Skifahren.

Opel wählte als Markensymbol weder das olympische Feuer noch die Ringe, sondern einen Diskuswerfer. Das Markenzeichen wurde am Grill befestigt.

ckelt. Er war so sehr auf der Höhe der Zeit, dass er bis in die 60er Jahre hinein verwendet wurde, sowohl als Vier- als auch als Sechszylinder. Der Rekord B und der Kapitän/Admiral A waren die letzten Wagen, die von dieser Motorengeneration angetrieben werden sollten; Nachfolger war die cih-Motorenbaureihe ab 1965.

86.212 Olympia der zweiten Generation wurden gebaut. Im Oktober 1940 verließ der letzte das Werk, die Produktion wurde kriegsbedingt eingestellt. Opel hatte damals eine überarbeitete Version in der Pipeline, den projektierten Olympia '40, intern »Super-Olympia« genannt. Er sollte mit einzelradgefederter Vorderachse anstelle des Dubonnet-Knies, Lenkradschaltung, Karosserieretuschen und von außen zugänglichem Kofferraum aufwarten. Er kam er nicht mehr in Produktion, nahm aber etliche Verbesserungen des Nachkriegsmodells voraus.

Warten am Bahnübergang: Olympia OL38 Cabriolimousine, davor NSU SS500 oder SS600 mit Steib-Sportseitenwagen Typ 25 Lizenz Stoppa.

Autospaß auf dem zugefrorenen Titisee im Schwarzwald im Winter 1950 mit einer Olympia OL38 Cabriolimousine. Es muss höllisch Spaß gemacht haben, mit dem Auto über die spiegelglatten Weiten des Titisees gefahren zu sein. Aber es muss auch höllisch gefährlich gewesen sein. Diese Veranstaltung war offiziell, sonst wäre das Spektakel niemals möglich gewesen. Der Wintersportverein WSV Titisee organisierte dieses Turnier am 5. Februar 1950, einem Sonntag, zusammen mit dem ADAC.

Der normale Olympia war ein Zweitürer. Viertürige Olympia '38 bildeten die Ausnahme. In dieser Klasse reichten zwei Türen. Wer mehr wollte, kaufte Kapitän.

»Fortschritt in Form und Technik«: Annonce für den Opel Olympia '38.

Alleine schon wegen der »Typenreinheit« bevorzugte die Armee Opel-Fahrzeuge. Der Blitz war der meist verwendete Heeres-Lastwagen, Opel die meist verbreitete Marke. Kaum einer überlebte den Kriegseinsatz, sie wurden zu Tausenden im Feld verschlissen. Spektakuläre Schlammlochdurchquerung mit einem Olympia '38.

Er wurde eingezogen, der Olympia OL38 als Cabriolimousine, so wie fast alle deutschen Männer und fast alle deutschen Autos. Er musste an die Ostfront.

Wenn ein Vorkriegsauto den Krieg überlebt hatte, durfte es sich nicht zur Ruhe setzen, sondern musste schuften. Der Münchner Bäcker Müller ließ einen Olympia '38 vom lokalen Karosseriebauer Otmar Zeilinger zum Kastenwagen umbauen.

Ein sehr weitgehender Nachkriegs-Umbau: Der schwer veränderte Aufbau eines Olympia '38 ruht auf einem VW-Kübelwagen-Fahrgestell. Also ein Olympia mit Heckmotor. Gesehen von Paul Simsa und bereits 1969 in seinem legendären Buch »Dies alles fuhr auf unseren Straßen« gezeigt. Wir zeigen es gerne erneut.

Intern nannte Opel den Olympia '40 den »Super-Olympia«. Seine Verbesserungen und seine Existenz fielen dem Kriegsausbruch zum Opfer, ...

... symbolisch und konkret zugleich: ruinierter Olympia-'40-Prototyp im ruinierten Opel-Werk 1945 ...

Kapitel 2

1945 lag das Rüsselsheimer Werk zur Hälfte in Schutt und Ruinen, als US-Verbände die Stadt und damit die Fabrik besetzten. 1946 transportierten die Sowjets im Rahmen der Reparationsvereinbarungen die Werkzeugmaschinen und das komplette Fertigungsband für die Kadett-Montage ab und schufen daraus den Moskvitch. Das völlig zerstörte Werk in Brandenburg an der Havel, in der sowjetisch besetzten Zone gelegen, wurde komplett demontiert, GM hatte keinerlei Zugriff darauf. Es war für immer verloren.

Im Rüsselsheimer Werk hingegen, in der US-Zone Deutschlands gelegen, herrschte bald nach der Kapitulation wieder emsiges Treiben. Die Amerikaner hatten nämlich tausende handelsüblicher Personenwagen im Militärdienst in Europa laufen, allesamt viertürige Limousinen Jahrgang 1941/42. Diese verschlissenen Wagen wurden in der Fabrik zusammengeführt und von Opel-Werkern komplett revidiert. Bis 1948 arbeiteten sie im US-Auftrag Chevrolet-, Ford- und Plymouth-Wagen auf und lieferten sie im quasi-Neuzustand ab. Parallel dazu produzierte Opel amerikanische Kühlschränke der Marke Frigidaire, ein in Deutschland nahezu unbekanntes Luxusobjekt, das in den USA bereits Konsumgüterstatus genoss und bei den US-Soldaten entsprechend begehrt war. Schon im Juni 1945 montierte Opel wieder Ersatzteile für Vorkriegsautos, auch Olympia-Motoren für das nunmehr zivil genutzte NSU-Kettenkrad liefen vom Band.

In dieser Zeit gab es einen ständigen Dialog zwischen den amerikanischen Militärbehörden und GM, dem ehemaligen Eigner der Opel-Werke. Der US-Konzern hatte wegen des Krieges seine deutsche Filiale bereits abgeschrieben und war zunächst nicht scharf darauf, wieder einzusteigen. Aber das Wissen um den immensen Automobilbedarf in Deutschland und die erfolgreiche Wiederaufnahme der Olympia- und Blitz-Produktion ließ GM umdenken. Im Februar 1948 hatte eine GM-Abordnung die Opel-Werke besucht und eine Bestandsaufnahme gemacht. Zwar wurde die Wirtschaftslage in Westdeutschland als nicht sonderlich rosig beurteilt. Dennoch übernahm am 1. November 1948 der Detroiter Autoriese erneut die Leitung.

Der Olympia war nicht der erste nach dem Krieg bei Opel gebaute Wagen. Bereits im Juli 1946 startete die Produktion des Blitz 1 ½ Tonners, im November 1947 die des Olympia. Der Alliierte Kontrollrat verbot den Westdeutschen damals die Produktion von Personenwagen mit mehr als 1,5 Litern Hubraum, somit Opel den Bau des Kapitän. Den Kapitän stellte Opel aber ab Oktober 1948 wieder her, zunächst ein Jahr lang reserviert für die Militärbehörden der Besatzungsmächte und für den Export. Erst ab Herbst 1949 kamen deutsche Kunden in seinen Genuss. Im Juni 1949 feierte Opel den 100.000sten Opel Olympia der Nachkriegsproduktion, damals waren 13.906 Mitarbeiter bei Opel beschäftigt.

Nach der »Stunde Null« reparierten die Opel-Werker erst mal US-Cars der Jahrgänge 1941/42 am Fließband, verschlissene Dienstfahrzeuge der amerikanischen Besatzungsarmee – übrigens nicht nur GM-Fahrzeuge, sondern auch Plymouth und Ford.

Reparationsleistungen: Ein Zug voller Kapitän '49 für die Besatzungsmächte

Opel Olympia 1947 bis 1952: »Wie haben wir's doch herrlich weit gebracht!«

In den Jahren bis 1949 blieb nur der Olympia übrig. Den Kadett konnte Opel nicht mehr bauen, den Kapitän durfte Opel noch nicht bauen. Die interne Bezeichnung lautete nicht mehr »Olympia OL38«, sondern »Olympia '47«. Opel überarbeitete das Vorkriegsmodell leicht. Die Synchronfederung wich einer Querlenker-Konstruktion, damit einher ging eine veränderte Lenkung. Sonst blieb alles beim Alten. Optisch konnten nur wahre Insider einen OL38 von einem Olympia '47 unterscheiden. Er war schmuckloser, Chrom war damals Mangelware, die Radzierkappen waren deshalb in Wagenfarbe lackiert. Das Reserverad saß weiterhin außen auf dem Heckblech, der Kofferraum war nur von innen zugänglich. Die ersten 20 Nachkriegs-Olympia wurden in Rüsselsheim im Dezember 1947 unter unsäglichen Bedingungen hergestellt. Die bombardierten Werkshallen waren nur notdürftig mit einem Dach versehen und völlig ungeheizt. Die Arbeiter hatten nichts zu essen und waren ziemlich demoralisiert. Denn noch stand nicht fest, wie die Kriegssieger mit den Deutschen umzugehen beabsichtigten. Doch es ging weiter, auch für den Olympia. Genau zwei Jahre lang lief dessen Produktion, bis Dezember 1949 wurden 29.952 Olympia '47 fertig gestellt, ausschließlich Zweitürer.

Zum Jahresende 1949 erschien der Olympia '50, im Sommer folgte der Lieferwagen. Zusätzlich offerierte Opel, wie ehedem beim OL38, eine Cabriolimousine. Die technischen Neuerungen blieben diskret. Das Viergang- wurde durch ein Dreigang-Getriebe ersetzt, was allgemein als Nachteil empfunden wurde, die Lenkrad- statt der Stockschaltung huldigte dem Zeitgeschmack. Optisch wurde aus dem nackten Spatz ein kleiner Pfau. Den Kühlergrill schmückten sieben Chromstreben, ein

Der Neustart nach dem Krieg, noch vor der Währungsreform: Fabrikneue Olympia '47, angeboten vom Autohaus Stassen in West-Berlin. Zeitgleich, so zeigt das Filmplakat, läuft der Film »Clara Schumanns große Liebe« mit Katharine Hepburn als Clara Schumann. Die ersten Nachkriegs-Olympia trugen noch lackierte Radkappen.

Etwas späteres Modell, Galvanik war wieder weithin verfügbar. Olympia '47 mit Chromradkappen und einzelnem Zusatzscheinwerfer vor einem in einem Barackenbau beheimateten Warenhaus.

Urlaub in Südfrankreich, Sommer 1960 in Marseille, mit einem damals schon ziemlich betagten, frühen Nachkriegs-Olympia. Umrahmt wird er von zwei Citroën 2CV und einem winzigen Vespa 400, der, entgegen landläufiger Annahme, kein italienisches, sondern ein französisches »Voiturette« ist.

Optimismus und Aufschwung suggerierendes Blendwerk, eingebettet in neu modellierte Kotflügel. Diese Front war Amerikanismus pur und entsprach der damaligen Mode: Gut und schön und edel war alles, was aus Amerika kam. Am Heck tat sich nichts. Das hob sich Opel für das Folgejahr auf. Im Opel-Programm war auch ein Olympia-Kombi, aus dem Lieferwagen entstanden. Der wurde aber nicht in Rüsselsheim gebaut, sondern bei externen Karosseriebauern. Innerhalb von 13 Monaten wurden 51.394 Olympia '50 hergestellt.

Dem Opel Olympia sah man von außen nicht an, ob er ein Vorkriegs-OL38 oder ein Olympia '47 ist. Pittoreske Szene in oberbayerischer Umgebung, der typische Architekturstil, die Geranien an den Balkonen, alles aufs Feinste herausgeputzt. Das mag klischeehaft sein, aber genau das liebten die amerikanischen Touristen in Deutschland, und wenn die Besatzungssoldaten am Wochenende ins Umland fuhren, waren sie ja auch amerikanische Touristen. Sie fotografierten schon 1950 mit Diafarbfilmen, und Fotos wie dieses importiert man am besten aus den USA.

Der ultimative Olympia, das Modell 1951, blieb vorne identisch, bekam aber ein neues Heck spendiert. Der Sehschlitz wich einem vernünftigen und leicht gewölbten Heckfenster, das zerklüftete Heck wurde geglättet. Nun war der Kofferraum von außen zugänglich (endlich!), das Reserverad saß innen. Kastenwagen und Kombi blieben unverändert. Allen Olympia '51 gemein war die Umstellung von 16- auf 15-Zoll-Räder. Der 1,5-Liter-Vierzylinder drehte nun etwas höher und mobilisierte zwei Zusatz-PS, was sich aber nicht auswirkte, denn der Wagen war schwerer geraten. Ab April 1952 erhielt die Hinterachse einen Stabilisator.

Seit der Erfindung des Motors mussten neue Aggregate vorsichtig eingefahren werden, bis sich alle Einzelteile durch den Betrieb aufeinander abgestimmt hatten. »Noch plombiert« stand als Aufkleber am Heck der neuen Wagen während der ersten paar tausend Kilometer. Der Olympia des Jahrgangs 1951 war der erste Opel, der nicht eingefahren werden musste. Kaufen, einsteigen, losfahren. Der Olympia '51 wurde zwischen Februar 1951 und März 1953 hergestellt. Opel baute 81.283 Limousinen, 6036 Cabriolimousinen und 22.390 Lieferwagen, aus denen eine unbekannte Anzahl Kombis entstanden. Der Olympia '51 kostete 6400 Mark, die Cabriolimousine war 200 Mark teurer, der Lieferwagen kam auf 6200 Mark, der Kombi auf 7400.

Sowohl das Auto als auch die Dame glänzen vor Stolz. Im Hintergrund ist der Vorgänger zu sehen, ein Olympia der ersten Generation 1935 bis 1937. Aufnahme 1949 in Kärnten, und am gegenüber liegenden Fahrbahnrand steht eine »Eiserne Jungfrau«, aus der Esso geschöpft wird.

Eine lokale Automobilausstellung in Braunschweig anno 1950: der neue Olympia '50 wird präsentiert, und das gleich drei Mal. Neue Front und altes Heck.

Eine prächtige Front machte aus dem Vorkriegsfahrzeug einen optisch modernen Wagen, und mit den Weißwandreifen sogar einen modischen. Er unterscheidet sich deutlich von den Vorkriegsautos auf dem Foto (rechts DKW F8).

München im Wiederaufbau anno 1953. Ruinen und Baracken bestimmen das Stadtbild, überall ragen Kräne in die Luft. Die Frauenkirche hatte das Bombardement lebend überstanden. Neben einem Vorkriegs-DKW parken an der Pacellistraße ein '53er Opel Olympia Rekord, ein Olympia des Baujahrs 1950 und ganz rechts ein Olympia Caravan.

Vorgänger und Nachfolger: Der dunkle Wagen mit außen liegendem Reserverad ist ein Olympia '50, der helle mit geglättetem Heck und größerem Heckfenster ein Olympia '51. Aufnahme bei der Rallye Travemünde im Juni 1951.

Der ultimative Vorkriegs-Olympia ist das Modell '51, gebaut bis März 1953 und hier fotografiert am Rüsselsheimer Band am 21. Januar 1952.

Die Profilaufnahme verdeutlicht den Modernisierungsschub: Neue Front für 1950, neues Heck ab 1951, doch der Mittelteil der Karosserie entsprach weiterhin dem OL38 von 1937. Dennoch wirkt der Wagen erwachsen und gestreckt.

Titelbild des 1951er Prospektes: Stolz präsentiert der Wagen seine chromblitzende, amerikanische Frontpartie, und das Paar demonstriert, an welches Publikum sich Opel wandte: Der Olympia für den eleganten Herrn und die mondäne Dame.

Der pure Zeitgeist: Lenkrad und Bedienknöpfe elfenbeinfarben statt schwarz, das Lenkrad natürlich zweispeichig, die Schaltung nicht mehr per Krückstock am Boden, die beiden Instrumente hell erleuchtet. Damit einher ging, als technischer Rückschritt, ein Drei- statt Vierganggetriebe.

Die Cabriolimousine: Dinosaurier mit Frischluft-Garantie

Ausgestorben sind schon viele, die Dinosaurier, die Schreibmaschine, die Videokassette, das Telefonhäuschen und das Telegramm. Auch auf dem automobilen Sektor gibt es Genres, die ausgestorben sind. Gründe dafür gibt es viele, sie reichen von der Mode über den Fabrikationsaufwand bis hin zur Tatsache, dass sich Dinge einfach überleben und nicht mehr gebraucht oder politisch nicht mehr gewollt werden. Die Cabriolimousine ist eine Karosserievariante, die heute (abgesehen von Trend-Kleinwagen) ausgestorben ist und zeitweise so sehr in Mode war, dass ein Großteil aller gebauten Autos eine solche Aufbauform hatte. Opel hielt an der Cabriolimousine sehr, sehr lange fest und gehört zu den letzten Mohikanern, die überhaupt ein solches Auto im Programm führten. Eigentlich war mit der durch den Zweiten Weltkrieg gesetzten Zäsur Schluss mit dieser zuvor sehr beliebten Aufbauform. Doch Opel entwickelte 1951 aus dem Olympia eine Cabriolimousine, das Verdeck mit Scheren-Mechanismus war gefüttert. Das wurde als Neuheit gefeiert, war aber nichts als eine verspätete Wiederauflage der Vorkriegskonstruktion. Auch der Nachfolger Olympia Rekord '53 war bis 1956 mit diesem Aufbau lieferbar. Kein anderer Hersteller hatte damals mehr eine Cabriolimousine im Programm – außer Citroën. Der 2CV lebte bis 1990 und war ebenfalls eine Cabriolimousine.

Ursprünglich waren Kutschen offen. Geschlossene Kutschen waren Luxus. Ursprünglich waren Autos offen. Geschlossene Autos waren Luxus. Lange Zeit hielt sich als populärste Karosserieform der offene Tourenwagen. Denn Auto fahren wurde nicht als reine Fortbewegung gesehen, sondern auch als Landschaftsgenuss nach dem Motto »Der Weg ist das Ziel« wahrgenommen. Zunehmend stiegen die Bedürfnisse, wurde das Auto Mittel zum Zweck und waren Autos zuverlässig genug, dass sie auch bei schlechtem Wetter Fernstrecken bewältigten. Der geschlossene Wagen war nicht unbedingt die Alternative zum offenen, weil er seine Passagiere doch sehr abschottet. Die Cabriolimousine schien als der Weisheit letzter Schluss. Die Windschutzscheibe nicht klappbar, sondern fest stehend, Rahmen um die Seitenscheiben und lediglich der Bereich der Dachhaut mit einem wetterfesten Verdeck versehen. Ein weiteres Argument für die Cabriolimousine war der technische Fortschritt in Form selbst tragender Karosserien. Sie sind ohne Dach bekanntlich nicht sonderlich verwindungssteif. Aber als Cabrioli-

Opel setzte in den Nachkriegsjahren weiterhin auf die Cabriolimousine und gehörte zu den wenigen Herstellern, welche dieser Vorkriegsmode treu blieben. Der Volkswagen links im Bild hat immerhin ein großes Faltdach.

Der Rahmen rund um die Scheiben sorgt für Stabilität. Letztlich war die Cabriolimousine nichts als ein Kompromiss.

mousine ist ein selbst tragend konstruierter Wagen hinlänglich stabil. Die Cabriolimousine war stets 200 D-Mark teurer als der geschlossene Opel Olympia. Preis im März 1951 für die Cabriolimousine 6.350 D-Mark, Erhöhung auf 6.800 DM zum 1. Januar 1952. Zum Vergleich: Ein Opel Kapitän kostete knapp 10.000 DM. Vom Olympia '51 baute Opel 6036 Cabriolimousinen im Gegensatz zu 81.283 geschlossenen Wagen. Schon diese Zahl zeigt, dass mit steigendem Wohlstand die Nachfrage nach Cabriolimousinen sank. Vor dem Krieg war das Verhältnis zwischen geschlossenem Aufbau und Cabriolimousine weitgehend ausgeglichen, Anfang der 50er Jahre waren es gerade mal acht Prozent der Gesamtzahl.
Die Cabriolimousine starb zwar aus, doch dafür wuchs die Zahl der Limousinen mit Golde- oder Webasto-Faltschiebedach. Das war wesentlich preiswerter in Herstellung und Anschaffung und bot letztlich ebenso viel Frischluftvergnügen.

Typische Prospektzeichnung: zu kleine Menschen suggerieren ein großes Auto. In der Werbung positionierte Opel die Cabriolimousine als sportlichen Wagen.

Hildegard Knef als »Werbemodel« zu gewinnen, war ein toller Schachzug von Opel. In der unmittelbaren Nachkriegszeit war sie der Shooting Star im deutschen Kino, und ihre Nacktszene in »Die Sünderin« von 1950/51 war damals eine skandalöse Sensation und ist bis heute ein Thema. Es war immerhin die erste Nacktszene in einem deutschen Kinofilm, die Knef wurde zur »Grenzverletzerin« und suchte fortan ihre Zukunft eher in Hollywood als in Babelsberg.

Olympia Lieferwagen: Der Spätgeborene

Seit 1935 gab es den Opel Olympia, doch erst zum Modelljahr 1950 gesellte sich eine neu konstruierte Lieferwagenvariante dazu. Dabei hatte gerade Opel in diesem Genre eine ganz besondere Kompetenz.

Das Bindeglied zwischen einem Personenwagen und einem Schnell-Lastwagen war vor dem Krieg der Lieferwagen. Denn damals gab es noch keine Transporter à la Volkswagen Bulli oder Ford FK 1000. Sie sind eine Nachkriegs-Erfindung. Der Lieferwagen war damals ein Fahrzeug auf Personenwagen-Basis mit einem neu gestalteten Heck zum innerstädtischen Warentransport. Er wurde dann hergenommen, wenn es sich um wertvolle Waren handelte, die nicht schmutzig werden durften, die nicht den Unbilden des Wetters ausgesetzt sein durften. Kleidungsstücke oder Pelze zum Beispiel, auch Lebensmittel. Für solche Dinge waren die damaligen kleinen Lieferwagen mit offener Pritsche, vorzüglich Dreirad-Mobile, völlig ungeeignet. Auch waren sie alles andere als repräsentativ.

Vorreiter der Aufbauart geschlossener Lieferwagen waren Opel, Adler und die Auto Union mit ihren Marken Wanderer und DKW. Die meisten dieser Fahrzeuge hatten optisch serienmäßige Limousinenaufbauten, denn Limousinen waren bis Anfang der 30er Jahre weitgehend zweivolumige Fahrzeuge ohne angehängten Kofferraum, sahen also im Profil aus, wie man sich heute einen Kombi vorstellt. Der einzige Unterschied zur Limousine war, dass es eine Beladungsmöglichkeit von hinten gab, ein Laderaum anstelle der Rücksitzbank vorhanden war und die hinteren Seitenscheiben, je nach Konstruktion, entweder nicht vorhanden oder mit einer Blechplatte verschlossen waren. Jedenfalls war hier nunmehr Platz für Werbung vorhanden.

Opel ging weiter und bewies Innovationskraft. Opel erfand den Geschäftswagen als eigenständiges Modell, das obendrein im Rahmen der Opel-Modellpalette vom Fließband lief und somit die qualitativen Vorteile eines Großserienwagens aufwies. Der erste Lieferwagen ent-

Der 1937er Opel Geschäftswagen stand bereits in langer Tradition. Schon auf dem Ur-Opel, dem Motorwagen System Lutzmann von 1899, hatte es Kleinlieferwagen gegeben. Das Foto zeigt einen nach dem Krieg vom Mössinger Karosseriebauer Hägele neu aufbereiteten Geschäftswagen.

Vom Rüsselsheimer Fließband kam der Kastenwagen, im Bild ein 1951er Modell. Der unbeschriftete Wagen ist auf dem Foto nur wenige Jahre alt, zeigt aber deutliche Zeichen der Verwitterung. Auf einen Lieferwagen hat niemand aufgepasst. Der musste zuverlässig und treu sein und dabei ohne Rücksicht auf Verluste schuften.

stand auf Grundlage des Opel P4. Für ihn führte Opel die Bezeichnung »Geschäftswagen« ein, ohne den Zusatz »P4«, was zeigt, dass Rüsselsheim mit ihm eine tatsächlich eigenständige Modellreihe entwickelt hatte. Der Geschäftswagen trug nämlich einen merklich verlängerten Radstand. Nachdem der P4 durch den Opel Kadett abgelöst worden war, erfuhr der Geschäftswagen eine optische wie technische Überarbeitung und wurde fortan vom neu entwickelten 1,5-Liter-Olympia-Motor angetrieben. Es gab ihn bis Kriegsausbruch.

Nach dem Krieg lebte die Geschäftswagen-Idee weiter, der Name allerdings wurde gestrichen: Der Nachkriegs-Olympia in seiner Nutzfahrzeugvariante hieß einfach »Olympia Lieferwagen«, und er hatte auch keinen verlängerten Radstand mehr. Dennoch war er ein eigenständiges Fahrzeug, keine Ableitung vom Kombi. Im Gegenteil: Die Olympia Kombis entstanden durch Umbau des Lieferwagens. Bis weit in die 50er Jahre hinein waren Opel-Lieferwagen auf Pkw-Basis in Westeuropa weit verbreitet. Doch zunehmend kam eine neue automobile Gattung auf den Markt, die den Pkw-Lieferwagen verdrängte – nämlich der Transporter. Opel hatte diesen Markt kurioserweise jahrzehntelang der Konkurrenz überlassen.

Während der 50er Jahre sprach für den Opel Schnelllieferwagen, dass er sich fuhr wie ein Personenwagen, dem Fahrer gerade im Stadtverkehr also keine nicht zu bewältigenden Aufgaben stellte. Es war ein Opel Caravan der jeweils aktuellen Generation mit Blechpaneelen anstelle der hinteren Seitenscheiben (weil mittlerweile aus dem Caravan entwickelt und nicht mehr umgekehrt), und er fuhr sich wie ein Opel Caravan. Allerdings war seine Ladekapazität im Gegensatz zum Transporter doch sehr beschränkt, und die individuelle Aufbauvielfalt, von manchem Gewerbetreibenden bitter benötigt, fehlte hier völlig. So verblasste der Stern der Opel-Pkw-Lieferwagen zunehmend. Wer einen kleineren Transporter benötigte, griff zum VW oder Ford, wer einen größeren brauchte, wurde beim Opel Blitz, Hanomag L28 oder Borgward B1250 fündig. Es war wohl auch eine Frage des nationalen Geschmacks und der Prioritäten der jeweiligen Fahrzeugindustrie. In Frankreich hielten sich Pkw-Lieferwagen deutlich länger als in Deutsch-

land, zumal französische Transporter traditionell dem Lastauto näher standen als dem Pkw. Auch in Österreich und in der Schweiz waren Pkw-Lieferwagen, vor allem Opel-Fahrzeuge, sehr beliebt, und sie sind es noch heute. Das hat auch steuerliche Gründe. In Österreich ist ein Pkw-Lieferwagen vorsteuerabzugsberechtigt. Voraussetzung ist, dass er lediglich zwei Sitzplätze aufweist, der Laderaum räumlich vom Fahrerabteil abgegrenzt ist und die hinteren Fensterflächen verblecht sind.
Zum Jahresende 1949 erschien der Olympia '50, im Sommer 1950 folgte der Lieferwagen als neue Karosserievariante. Der Olympia des Modelljahrgangs 1951 wurde im hinteren Bereich modifiziert, der Lieferwagen merkte davon nichts, er blieb unverändert und profitierte lediglich von der Umstellung von 16- auf 15-Zoll-Räder. 530 Kilo durfte der Opel Olympia Lieferwagen schleppen. Die Ladebreite beträgt 1,30 Meter, die Länge 1,63 Meter und die Höhe 98,5 Zentimeter. Der Laderaum ist nicht verkleidet, hat einen Holzboden mit Stahlgleitschienen sowie Rammleisten an den Seitenwänden und hinter dem Fahrersitz. Das Reserverad ist in einer Mulde hinter dem Beifahrersitz untergebracht. Es ist zwar leicht zugänglich, aber nur bei unbeladenem Fahrzeug. Ansonsten muss im Falle einer Reifenpanne unweigerlich ausgeräumt werden.
Kombis war im frühen Nachkriegsdeutschland ohnehin kaum bekannt, man hatte nicht einmal einen Namen dafür. Die Deutschen übersetzten anfangs das amerikanische Wort »Station Wagon« holperig mit »Stationswagen«, und auch die US-»Woody«-Mode mit sichtbarer Karosserieholzstruktur wurde teilweise kopiert.
Verschiedene, auf Opel-Umbauten spezialisierte Karosseriebaufirmen verwandelten den Opel Olympia Kastenwagen zum Kombi. Im offiziellen Opel-Programm waren die Umbauten von Autenrieth in Darmstadt und Miesen in Bonn, aber auch Rappold in Wülfrath und Popp in Windach bei Landsberg produzierten Olympia Kombis. Die Kastenwagen wurden vom Werk direkt zum Karosseriebauer geliefert, innerhalb von zwei bis drei Tagen war der Umbau inklusive Lackierarbeiten fertig, der Karosseriebauer belieferte dann den Händler. Die Kosten beliefen sich auf gut 1100 D-Mark.

Hübsche Lackierungen erhielten die Lieferwagen, wenn sie einem engagierten Einzelhändler gehörten oder Bestandteil einer Werksflotte waren. Diese Olympias gehören der Düsseldorfer MAN-Niederlassung und sind Servicewagen für Traktoren. Das heißt, sie fahren auf das Land zu ihren Patienten.

Ebenfalls eine Flotte, unterwegs in Flensburg. Peco war die lokale Kaffeerösterei von Petersen & Co. dortselbst. Aufnahme von 1954 mit vier Ford Taunus 12m und einem Opel Olympia Lieferwagen.

Veedol produziert Schmierstoffe für Motoren und belieferte in den 50er Jahren freie Tankstellen und Autowerkstätten. Die Veedol-Flotte des Münchner Großhändlers Adalbert Kirsch im Jahre 1951 beinhaltet einen frühen Volkswagen T1 Transporter und einen Opel Olympia Lieferwagen, dem ein Karosseriebauer nachträglich ein zusätzliches Seitenfenster eingebaut hatte.

Aus dem Lieferwagen schufen einige Karosseriebauer im Auftrag von Opel genormte Kombis, die über das Opel-Händlernetz vertrieben wurden. Stolz lässt sich der Eigentümer vor seinem Ladengeschäft ablichten. Dafür hätte er den Olympia allerdings vorher waschen (lassen) können.

Der Opel Olympia Lieferwagen Modell 1950 wurde von Januar 1950 bis Februar 1951 gebaut, 5819 Stück liefen vom Fließband. Das überarbeitete Modell '51 wurde bis März 1953 produziert, Opel baute 22.390 Lieferwagen, insgesamt also 28.209 Exemplare. Unbekannt ist, wie viele davon in Kombis umgebaut wurden, weil etliche auch als Gebrauchtwagen umgerüstet wurden.

Schnappschuss vom Rüdesheimer Fasching anno 1954: Ein Opel Olympia Kombi ist lustig geschmückt. Wer einen Olympia Kombi (»Caravan« hieß er damals noch nicht) orderte, erfuhr nicht, welcher Karosserier den Umbau ausführte. Dieser durfte nicht sein Abzeichen anbringen, das üblicherweise am rechten Vorderkotflügel befestigt war. Opel wollte die Kombis als Werksfahrzeuge verstanden wissen, obgleich sie letztlich nicht im Werk entstanden.

Tiefer greifender Umbau als nur ein Kombi: Miesen schuf auf Olympia-Basis Krankenwagen mit verlängerter Heckpartie, damit eine Trage im Inneren Platz findet. Olympias waren seltene Krankenwagen. Wenn Opel, dann Kapitän.

Kapitel 3

Das Wort »Ponton« war in den Jahren nach dem Krieg ein geläufiger Ausdruck. Denn vielfach waren Brücken gesprengt worden, um Nachschubwege zu zerstören oder das Vorrücken des Feindes zu verhindern. Diese Wege wieder gangbar zu machen, war eine der Aufgaben der Pioniertruppen. Zu ihrer Ausrüstung gehören, neben vielem anderen, auch Pontonbrücken. Ein Ponton ist ein einfach gestalteter und gehaltener Schwimmkörper. Man kann ihn auf dem Wasser transportieren, aber er ist nur eingeschränkt fahrtauglich und nicht angetrieben. Pontons können geschlossene und mit Luft gefüllte Hohlkörper sein, aber auch bootsähnliches Aussehen haben. Das Wort »Ponton« ist in jeder Kultursprache verständlich. Es kommt aus dem Lateinischen und leitet sich von »pons« = Brücke ab und »ponto« heißt »Transportschiff«.

Der Begriff »Pontonform« hat sich nach dem Krieg international für diese Automobilkarosserieform ohne freistehende Kotflügel eingebürgert. Sie ist nahezu immer selbst tragend ausgeführt. Ihr prinzipieller Vorteil ist, dass die komplette Karosseriebreite dem Innenraum zu Verfügung steht; für die vorne Sitzenden bedeutete das im Falle des Opel Olympia Rekord '53 gegenüber seinem Vorgänger ein Plus von immerhin 14 Zentimetern (und dazu 40 Prozent mehr Kofferraumvolumen). Die Pontonform galt als der Inbegriff der Modernität, und sie kam, wie sehr viele automobiltechnische Innovationen, aus den USA. Die erste deutsche Nachkriegs-Neukonstruktion in Pontonform war der Borgward Hansa 1500 von 1949. Doch viele Käufer fremdelten zunächst mit der ungewohnten Optik, die so gar nicht den tradierten Sehgewohnheiten entsprach. Manche Hersteller scherten sich nicht darum und setzten auf die totale Revolution, sie präsentierten neue Modelle in vollendeter Pontonform, in Amerika und Deutschland setzte Ford auf diese Radikallösung. General Motors hingegen ging behutsamer vor. Die Firma gehörte zu den Verfechtern der gemäßigten Pontonform (GM-intern: »Futuramic Style«). Der erste Ponton-Chevrolet, der Jahrgang 1949, trug noch Ansätze der hinteren Kotflügel, man wollte den Kunden nicht zu viel zumuten. Genau diese Formensprache übernahm der Opel Olympia Rekord des Jahrgangs 1953 (und auch der Mercedes 180, im gleichen Jahr erschienen) – die GM-Marke Chevrolet hingegen lancierte in eben diesem Jahr schon eine neue Modellgeneration in radikaler Pontonform, also ohne hintere Kotflügelausbuchtungen.

Der Opel Olympia Rekord '53 trug also ein amerikanisches Kleid, Rüsselsheim durfte lediglich einige Kleinigkeiten eindeutschen und sich um stilistische Details kümmern. Das war seit der Übernahme durch General Motors 1928/29 so. Gegenüber dem Vorgänger Olympia, dessen Konstruktion und Design noch aus Vorkriegstagen stammte, sah der Wagen hochmodern aus. Die Karosserie wuchs in Länge und Breite und war niedriger geworden. Vom Wachstum profitierte der Innenraum. Der Opel Olympia Rekord definierte fortan das Maß der arrivierten Mittelklasse. Er symbolisierte zwar nicht so sehr das Wirtschaftswunder wie sein größerer Bruder Kapitän, war aber dennoch ein Zeichen des wirtschaftlichen und damit sozialen Aufschwungs im

Hauptsache Chrom!

Ein Olympia Rekord war aufgrund seiner Produktionszahlen ein Massenprodukt, und trotz vielfältiger, oftmals in Pastelltönen gehaltenen Unilackierungen und attraktiver Zweifarbkombinationen war der Besitzer mit seinem guten Stück nie alleine. Modebewusste Opel-Fahrer ließen ihren Olympia Rekord teilweise jedes Jahr neu lackieren. Bei den damaligen Stundenlöhnen war das durchaus bezahlbar. Das Auto war ein Luxusgut, und so suchten Freunde individueller Opel ihr Seelenheil in der Zurschaustellung von Chic, Üppigkeit und Schwelgerei, die je nach persönlichem Geschmack auch in Überfluss und Unmäßigkeit mündete. Wer seinen Opel von anderen abheben wollte, kaufte Zubehör. Und dieses musste erst in zweiter Linie praktisch sein. »Hauptsache Chrom«, lautete die Devise. Opel selbst bot mannigfaches Chromzubehör an. Teilweise waren diese glänzenden Attribute Eigenprodukte, teilweise wurden sie von externen Spezialisten hergestellt und ins offizielle Opel-Programm übernommen. Und die Hersteller der Chromteile selbst vertrieben ihre Produkte über den Zubehörhandel. Damals gab es in den Städten Ladengeschäfte, in denen man Autoaccessoires kaufen konnte. Ein wichtiges Zubehörteil, gerade für Opel-Fahrer, waren Radzierringe. Opel weigerte sich damals beharrlich, die Felgen in Wagenfarbe zu lackieren. Opel-Räder waren immer schwarz. Im Angebot waren zahlreiche unterschiedliche Radzierringe, meist aus eloxiertem Aluminium, die zwischen die Radkappe und die Felge geklemmt wurden. Es gab sie auch in elfenbeinfarbenem Kunststoff, und manche überragten den Felgendiameter und stellten so etwas ähnliches wie Weißwandringe für die Räder dar. Überhaupt Weißwandreifen: Das war natürlich das angesagteste Zubehörteil und werksseitig gegen

...Kosmetikspiegel für die Dame von Welt in der Beifahrer-Sonnenblende,...

Sinnvolles oder sinnloses, jedenfalls schönes Zubehör für den Opel Olympia Rekord: Blaupunkt-Radio mit Lautsprecher,...

Aufpreis lieferbar. Wohlgemerkt: Das waren keine Gummiringe, die zwischen Reifen und Felge geklemmt wurden. Die weißen Flanken waren auf den Gummi des Reifens aufvulkanisiert.

Auch den Innenraum konnten Opel-Fahrer individualisieren. Nachdem der Wagenboden damals nicht mit Auslegeware bedeckt war, sondern mit Gummimatten, umschmeichelten Kokosmatten die Füße der Passagiere. Für die Sitzmöbel gab es allerlei Schonbezüge. Gegen eine beschlagene Heckscheibe half ein Defroster-Ventilator auf der Hutablage, betrieben über das Bordnetz. Alternativ gab es, als Vorgänger der heizbaren Heckscheibe, elektrisch betriebene Heizdrähte, die innen an das Glas geklebt wurden. Ebenfalls wichtig, um das Wageninnere wohnlich zu gestalten: die Blumenvase, entweder aus Bakelit oder aus Plastik, teure Exemplare aus geschliffenem Glas, und stets bestückt mit einer Plastikblume. Raucher liebten Zigarettenspender, entweder ans Armaturenbrett zu schrauben oder, ganz ingeniös, als Einheit mit dem Innenrückspiegel. Radios waren damals auch nicht serienmäßig eingebaut, sondern eine teure Investition für den Opel-Fahrer, und die Geräte hatten teilweise die Form und das magische Auge einer veritablen Jukebox. Dazu gehörte freilich die manuell ausfahrbare Antenne auf dem Vorderkotflügel. Auch der Außenrückspiegel war seinerzeit ein aufpreispflichtiges Extra. Besonders schick war die über der Windschutzscheibe angebrachte Sonnenschute aus getöntem Plexiglas, grün, blau oder rot. Sie sah gut aus und schützte den Fahrer vor dem Sonnenlicht. Sie war ein kaum mehr entfernbares Extra, denn um sie zu befestigen, mussten etliche Löcher rund um den Scheibenrahmen gebohrt werden. Nicht nur bei Opel-Fahrern absolut Trend war die völlig sinnlose, aber wunderschöne, verchromte Auspuffkralle.

Sonnenschute, Teleskopantenne und Außenrückspiegel gehörten zum Ensemble ...

... verchromte Bordsteinwarner machten »Pling-Plong« beim Einparken...

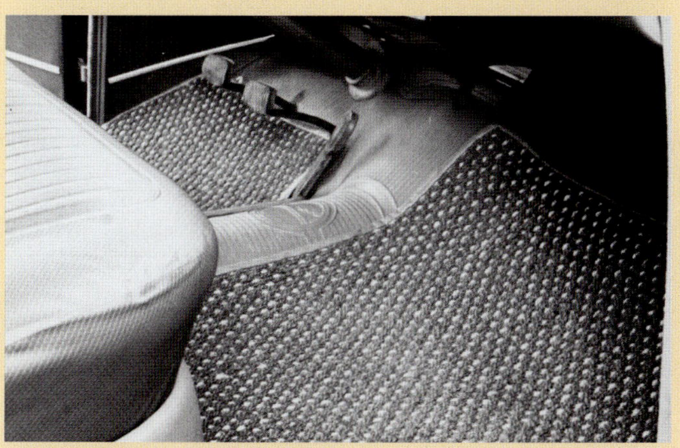

...Kokosmatten umschmeicheln die Füße und wurden gerne mit Schonbezügen kombiniert, farblich aufeinander abgestimmt.

...und das Wichtigste waren Radzierringe und Reifen mit weißen Flanken.

Nachkriegs-Deutschland. Wer ihn sich leisten konnte, war schon ein gutes Stück die Konjunkturleiter nach oben geklettert.
In seiner Klasse war der Opel Olympia Rekord der Marktführer, sein Hauptkonkurrent Ford mit dem Taunus 12m hinkte stets hinterher. Und auch absolut gesehen stand der Mittelklasse-Opel hervorragend da: Er war das am zweithäufigsten verkaufte Auto Deutschlands nach dem Volkswagen, und der nächste in der Skala der Bestseller war ebenfalls ein Opel, der Kapitän. Auch im Export verkaufte sich der Olympia Rekord bestens. Bis zu seinem Ende im Juli 1957 konnte er seine Position halten. Mit ihm verbunden ist der legendäre Slogan »Opel der Zuverlässige«, und seine Besitzer honorierten seine treuen Dienste mit ausgeprägter Markentreue.

Damals fand die IAA im Frühjahr statt. Im März 1953 präsentierte sich der brandneue Opel Olympia Rekord auf den Drehscheiben des Opel-Standes in Frankfurt, und das Interesse der Fachleute drehte sich eben um diesen Wagen. Nachdem Ford bereits im Vorjahr Schluss mit der automobilen Vorkriegs-Architektur gemacht hatte, zog Opel nach. Unterm Blech allerdings war der neue Opel alles andere als revolutionär. Er führte das Bewährte und Zuverlässige fort und blieb deswegen von Unzulänglichkeiten und Kinderkrankheiten verschont. Opel dachte sogar an die Reparaturfreundlichkeit und spendierte dem Olympia Rekord nicht nur vordere, sondern auch hintere angeschraubte Kotflügel. Vom Olympia erbte der neue Wagen die Vorderradaufhängung, eine moderne Konstruktion mit Querlenkern und Schraubenfedern. Die hintere Starrachse war in den 50er Jahren Stand der Technik, niemand bemängelte dies. Die wesentlich kleineren Räder hingegen (13-Zöller gegenüber 15 Zoll beim Vorgänger) wurden von Fachleuten allenthalben bekrittelt, aber es war damals einfach ein Trend, der sich durchsetzte. Der Nachteil der kleineren Räder war die schnellere Abnutzung der Reifen und die viel geringere Bodenfreiheit. Dadurch wurde nun schon ein Feldweg zum Hürdenlauf und zur Gefahr für tief hängende Auspuffanlagen. Allerdings war dadurch auch der Fahrzeugschwerpunkt niedriger, was wiederum der Stabilität in Kurven nutzte. Und die Fahrzeuge sahen dank kleinerer Räder schlichtweg größer aus, was das Renommee verbesserte. Der Opel Olympia Rekord war ein angenehm zu fahrender, weich gefederter Wagen mit logischer Bedienung, gediegener Ausstattung und bequemen Stoffsitzen. 1953 war der so genannte Rock'n'Roll-Stil noch nicht auf seinem Höhepunkt angelangt, und so gab sich das Interieur gepflegt und in keiner Weise kitschig, schon gar nicht chromüberladen. Winker gehörten der Vergangenheit an, der Neue besaß Blinker. Vom Olympia erbte er auch den bewährten 1,5-Liter-Vierzylinder, durch erhöhte Verdichtung um ein PS stärker geworden. Dieser Motor war ausgereift und bekannt für seine Laufruhe, Sparsamkeit und Zuverlässigkeit. Seine 40 PS hatten dank geringerem Fahrzeuggewicht (895 kg) ein leichtes Spiel.
Der Olympia Rekord schlug ein wie eine Bombe. Er verkaufte sich bestens. Von Anfang an offerierte Opel gegen Aufpreis Zweifarblackierungen (Dach in Komplementärfarbe). Die Felgen waren, entgegen dem allgemeinen Trend, beim Olympia Rekord stets Schwarz und nicht in Wagenfarbe lackiert. Das bescherte den Anbietern von Zubehör-Radzierringen gute Umsätze.
Im Dezember 1953 schob Opel die Olympia Rekord Cabriolimousine nach. Doch sie war nur noch wenig gefragt, obwohl unter den deutschen Herstellern einzig noch Opel diese Karosserieform anbot. Mit 6550 D-Mark war die Cabriolimousine nur 300 DM teurer als der geschlossene Wagen. Ihr gefüttertes Stoffverdeck ließ sich einfach an zwei Hebeln über der Windschutzscheibe entriegeln und dank einer Scherenkonstruktion zurückklappen. Das gefaltete Verdeck lag dann auf der Hutablage und erschwerte die Sicht nach hinten. Die Innenausstattung, normalerweise mit Stoff bezogen, bestand vollständig aus Kunstleder und war somit kaum wasserempfindlich.
Gleichzeitig ergänzte Opel das Programm durch den verblechten Lieferwagen und den »Caravan«. Letzterer kam nunmehr direkt aus dem Werk. Auch mit dem Caravan hatte Opel großen Erfolg: Vom Start weg wurde er zum Marktführer seiner Kategorie. Das Wort Caravan ist eine Verkürzung des englischen Satzes »This Car is a Van«, also »Dieses Auto ist ein Lieferwagen«. Anfangs schrieb Opel in Prospekten und Werbung, entgegen deutscher Orthographie, »CarAVan«.

Konstanz mit Unterbrechungen: Drei Retuschen in fünf Jahren

Opel setzte auf raschen Modellwechsel statt Konstanz, aber nur bei der Optik, dem Vorbild der amerikanischen Konzernmutter folgend. So versuchte man, in jedem Jahr eine leicht geänderte Version auf dem Markt zu etablieren. Das bewies zwar dem Nachbarn, dass man sich im Jahresturnus ein brandneues Auto leisten konnte, degradierte aber das Vorjahresmodell zum alten Wagen, was sich auf den Wiederverkauf auswirkte. Opel-Chef Edward Zdunek hatte die jährlichen Modifikationen mit einer »sozialen Differenzierung« begründet, verabschiedete sich aber nach der ersten Olympia-Rekord-Generation von dieser Modellpolitik: Das europäische Publikum wünschte eher Modellkonstanz als zu rasche Wechsel.
Während seiner fünfjährigen Bauzeit musste der Olympia Rekord drei Überarbeitungen über sich ergehen lassen. Das Modell '53 war 18 Monate im Programm, vom März 1953 bis zum August 1954.
Im Sommer 1954 folgte die erste Überarbeitung zum Modell 1955 mit vergrößertem Heckfenster und neu gestaltetem Kühlergrill, statt haifischbezahnt nunmehr horizontal geteilt und von runden anstelle trapezförmiger Blinker flankiert. Die hintere Seitenzierleiste mündete nun in den anders gestalteten Rücklichtern. Der Fuß des Fahrers wurde entlastet: Zuvor konnte mit dem Zündschlüssel nur die Zündung eingeschaltet werden (darum heißt er so!), das Anlassen erledigte der Fahrer

Was für ein schöner Picknickkorb! Ein Mann und zwei Frauen, drei klappbare Holzstühle mit Stoffbezug, ein passender Klapptisch und ein brandneuer Olympia Rekord mit gelbem Zusatzscheinwerfer im Grünen: die Idealvorstellung bürgerlicher Idylle am Wochenende.

mit dem Fuß, indem er auf einen Knopf trat. Nun hatte der Olympia Rekord ein kombiniertes Zünd-/Anlassschloss. Ein weiterer Fortschritt waren schlauchlose Reifen. Der Innenraum wurde aufgewertet, Sitzbezüge aus Cord sorgten für Bequemlichkeit, Zigarettenanzünder und Aschenbecher waren serienmäßig am Armaturenbrett eingebaut. In dieser Zeit rauchte jeder.

Als Einsteigermodell fungierte nun der »Olympia« (ohne Suffix »Rekord«) mit sehr einfacher Ausstattung. Für das kärglich ausgestattete Modell entschieden sich anfangs rund zehn Prozent der Käufer, vorzüglich Behörden und Fuhrparkleiter, kaum Privatkunden. Es war 660 D-Mark günstiger in der Anschaffung und bot zwar die gleiche Technik, aber wesentlich weniger Renommee. Der Fahrer blickte auf ein simples, schwarzes Lenkrad, während dasjenige des Olympia Rekord in modischem Elfenbein gehalten war. Caravan und Lieferwagen gab es nur in dieser Einfachausstattung, nicht in der aufgewerteten Rekord-Variante. Selbst die Cabriolimousine wurde für Behörden (zum Beispiel den Einsatz als Polizei-Streifenwagen, auch für die Bundeswehr) mit der vereinfachten Olympia-Ausstattung geliefert, nicht aber an Privatkunden. Der Olympia Rekord '55 lebte nur zwölf Monate (August 1954 bis Juli 1955).

Beim 1956er Modell gab es erneut einen neuen Kühlergrill, nun ein einfaches, in Chrom gefasstes Maschengitter (im Volksmund »Gurkenraspel« genannt). Die Stoßstangenhörner entfielen, was den Olympia Rekord breiter erscheinen ließ. Die vorderen Blinker wurden wieder eckig, und auf dem Zenit der vorderen Kotflügel fanden sich verchromte Peilstege. Sie waren so klingenscharf, dass der TÜV sein Veto einlegte und den Ersatz durch »zahmere« Chromteile anordnete. Die 1956er Überarbeitung machte auch vor technischen Komponenten nicht Halt: Die Motorleistung stieg um fünf auf 45 PS. Ein spürbarer Fortschritt im täglichen Umgang war die Kugelumlauflenkung, die beim Olympia Rekord '55 die bisherige Schneckenrollenlenkung ersetzte. Sie ließ sich leichter bedienen. Die Cabriolimousine erlebte ihr letztes Jahr, der '56er Rekord lief bis Juli 1956.

Der Endausführung von 1957 war die weitreichendste optische Veränderung seit Einführung der Modellreihe beschieden. Opel modellierte den Wagen so um, dass er dem ein Jahr zuvor präsentierten Kapitän '56 ähnelte: Die Silhouette wirkte viel gestreckter. Erreicht wurde dies durch den »Low Liner Style«. Denn die »latest news« des US-Designs, von Jahrgang zu Jahrgang modernisiert, übertrugen die Stilisten aus Detroit den deutschen Opel-Wagen mit einem oder zwei Jahren Verspätung in meist abgemilderter Form. Der GM-Jahrgang 1955 hatte mit dem bauchigen Stil durch relativ einfache stilistische Kniffe gebrochen: Bei den neuen Modellen wurde das horizontale Moment betont. Das heißt, es wurden alle erdenklichen Tricks angewandt, um die Wagen im Profil länger erscheinen zu lassen. Opel erreichte dies durch eine Verlängerung der vorderen Kotflügel über die Scheinwerfer hinaus (»Schirmchen«) und wiederholte dieses Rezept hinten, was zu angedeuteten Heckflossen führte. Augenfälligste Änderung war aber das um zwei Zentimeter flachere Dach, als Extra mit Stahlschiebedach lieferbar, zuvor war der Einbau von Stofffaltschiebedächern eine Händlerangelegenheit gewesen. Das flache Dach sah zwar schick aus, wurde aber nicht von allen Kunden begrüßt. Denn die Herren trugen damals Hut und die Damen bevorzugten hochgesteckte Frisuren. Das vertrug sich nicht mit einer reduzierten Innenraumhöhe. Für nur ein Jahr Bauzeit griffen die GM-Stilisten also tief in die Substanz ein, machten das aber so klug, dass die Rohkarosserie unangetastet blieb. Das dreieckige Chromteil vor den hinteren Radausschnitten diente nicht nur der Zier, sondern war ein Steinschlagschutz. Wegen der ausgestellten hinteren Kotflügel war dieser Karosserieabschnitt durch von den Vorderrädern aufgewirbelte Steinchen besonders gefährdet.

Beim '57er Modell setzte Opel auf das Einschlüssel-System, nun verfügte auch die Beifahrertüre über ein Türschloss. Die umfangreichen Karosseriemodifikationen des 1957er Modells beschränkten sich auf die Limousine. Beim Caravan und Lieferwagen wurde nur der Vorderwagen verändert, der Rest entsprach den Vorjahresmodellen. Die einfache Olympia-Variante zog immer weniger Interesse auf sich, der traditionsreiche Name verblasste. Der Volksmund sprach ohnehin nur noch vom Opel Rekord. Einzig erwähnenswerte technische Modifika-

Nicht mehr ganz neu: Sechs Jahre alt war dieser '53er Olympia Rekord, als er im Sommer 1959 einen Ausflug ins Jagsttal machte, im Hintergrund die Kirchtürme des Klosters Schöntal. Anfangs trug er noch Besatzungskennzeichen, die Umstellung auf die weißen Nummernschilder erfolgte 1956, bis 1958 mussten alle Bestandsfahrzeuge nachgerüstet werden.

tion für das Modell 1957: voll synchronisiertes Dreigang-Getriebe. Die Produktion lief von August 1956 bis Juli 1957.

Von der kompletten Modellreihe liefen 581.922 Exemplare vom Fließband, darunter 92.192 Caravan und 25422 Lieferwagen. Im Einzelnen: Von März 1953 bis Juli 1954 baute Opel 113.966 Limousinen und Cabriolimousinen, 15.804 Caravan und 6258 Lieferwagen. Das Modell 1955 wurde von August 1954 bis Juli 1955 hergestellt: 103.484 Limousinen und Cabriolimousinen, 21.892 Caravan und 6210 Lieferwagen. Vom 1955er-Modell verkaufte Opel 113.416 Limousinen und Cabriolimousinen, 25.833 Caravan und 5338 Lieferwagen. Zwischen August 1956 und Juli 1957 stellte Opel 133.442 Limousinen, 28.663 Caravan und 7616 Lieferwagen her. Drei Cabriolimousinen als Vorserienfahrzeuge wurden gebaut. Diese Zahlen beinhalten auch die CKD-Kits, die im Ausland aus angelieferten Kisten montiert wurden, so ab Dezember 1956 auf den Philippinen. GM South Africa und GM Griechenland verkauften Pickups, die von lokalen Karosseriebauern aus Lieferwagen gefertigt wurden.

Exportschlager: Verfrachtung fabrikneuer Fahrzeuge, Limousinen und Caravans, auf dem Weg in die weite Welt.

Rekord Ascona aus der Schweiz

Das GM-Montagewerk im Schweizerischen Biel bot den '57er Olympia Rekord für den Inlandsmarkt in einer besonders feinen Version an, äußerlich durch viel Chrom und eine doppelt abgesetzte Zweifarblackierung zu identifizieren. Der Rekord Ascona '57 verfügte über alle werksseitig lieferbaren Einzelextras. Eine Besonderheit war der Rekord Ascona Caravan, denn Rüsselsheim bot, wie erwähnt, den Caravan nur in der Einfachausstattung als Olympia an, einen Olympia Rekord Caravan gab es nicht. Auch den Rekord P I und P II realisierten die Schweizer in der Luxusversion Rekord Ascona.

Dynamisch, aber nur, wenn es sein muss. Ein Olympia Rekord demonstriert vor geladenem Fachpublikum die Haftung von Continental-Reifen auf der künstlich bewässerten Continental-Rutschbahn in Hannover. Aufnahme vom 14. Oktober 1953.

Der Opel mit Doppelnamen: Opel Olympia Rekord

Der Caravan war damals ein reines Handwerkerauto und hatte keinen Familiencharakter. Deshalb gab es ihn auch nicht mit der Olympia-Rekord-Ausstattung.

Mit Blumengirlanden geschmückt, eine '53er Olympia Rekord Cabriolimousine. Der Anlass ist die Ehrung erfolgreicher Tennis-Damen. Vor Boris und Steffi, also vor Mitte der 80er Jahre, war Tennis ein äußerst elitärer Sport. Damentennis war etwas für »höhere Töchter«. Nach Boris und Steffi war es Mainstream.

Opel selbst sprach stets vom Olympia Rekord Cabriolet. Ein solches war die Cabriolimousine aber nicht, wenngleich das aufklappbare Stoffverdeck nach demselben Muster funktionierte wie beim völlig offenen Cabriolet – damals freilich noch manuell. Im ihrem Premierenjahr 1954 wurde die Cabriolimousine in einem separaten, gezeichneten Prospekt beschrieben und zusammen mit einem griechischen Sonnengott illustriert, der mit dem Namen des Autos korrespondiert.

Fahrzeugübergabe (gestellt, nur für das Foto): Die schmucke Lady ist stolze Besitzerin einer ebenso schmucken Olympia Rekord Cabriolimousine, der Opel-Händler wünscht Gute Fahrt. Rein zufällig ist er der Inhaber des Münchner Opel-Autohauses Häusler. Und die Dame ist ein von ihm engagiertes Model, rein zufällig.

Der 1,5-Liter-Vierzylinder aus dem Vorgänger Olympia wurde leicht überarbeitet und leistete eine Pferdestärke mehr, aber bei höherem Drehmoment.

Das »KB« auf dem Kennzeichen steht für Kommandantur Berlin, also das dortige Äquivalent zu den bundesrepublikanischen Besatzungskennzeichen. Drei fröhliche Herren werden durch ihre Flasche »Braunen« noch fröhlicher, und der '55er Olympia Rekord wird es womöglich auch. Neues Grilldesign und runde Blinker für den Jahrgang 1955.

Opel-Tschernitz in der Karlsruher Straße in Ettlingen betrieb lange Zeit die größte Shell-Tankstelle Süddeutschlands. Die Dame hatte soeben ihren Olympia Rekord von 1953 betankt und entert ihn zur Weiterfahrt. An der anderen Zapfsäule der letzte Aufguss des Vorkriegs-Kapitän, die Version 1950.

Das österreichische Pendant zum ADAC ist der ÖAMTC, die Fahrzeuge ebenfalls gelb lackiert, der '55er Olympia Caravan hat schwarz abgesetzte Fensterpfosten und trägt Lautsprecher auf dem Dach. Der Club war damals noch nicht alt, denn 1946 hatte der Touring-Club mit dem Automobil-Club fusioniert. Die ersten »Gelben Engel«, also die Pannenhilfe, schickte der ÖAMTC 1954 auf die Straße, zunächst auf Beiwagenmotorrädern, dann mit Steyr-Puch 500. Der Lautsprecher-Opel hingegen war bei Veranstaltungen gefragt.

Olympia Caravan Modell 1955 auf einer Fähre, von vorne am neuen, horizontal geteilten Kühlergrill und den runden statt trapezförmigen Blinkern zu identifizieren.

1955er Lieferwagen mit hochoktaniger Fracht. »Sonnberg Rum« war Flensburgs ältestes Rumhaus, aber die 1990er Jahre überlebte es nicht. Der Opel steht frisch lackiert auf dem Hof der Kieler Autolackiererei Johs. Vanini, damals in der Marthastraße nahe dem Hauptbahnhof auf einem Hof zusammen mit einer Ford- und einer Borgward-/Lloyd-Werkstatt sowie einer Gasolin-Tankstelle beheimatet.

Die Cabriolimousine gestattet dem Fotografen einen guten Blick auf das Armaturenbrett: Tacho, Benzinuhr und Thermometer. Die Zeituhr sitzt auf dem Handschuhfachdeckel. Das zentral angeordnete Radio mit Lautsprecher ist ein Extra, der Aschenbecher sitzt darüber.

»Gurkenraspel« nannte der Volksmund etwas despektierlich das Kühlergrilldesign des 1956er Modells, geschmückt mit zwei Nebelleuchten mit gelben Streuscheiben. Sehr stolz trägt der Wagen gleich drei Markenlogos auf der Motorhaube: »OPEL« in vier separaten Buchstaben, das Opel-Emblem aus poliertem Messing, darüber geschwungen der »Rekord«-Schriftzug.

Rostfrei in sämtlichen Hohlräumen: Fabrikneue Opel Rekord '57 auf dem Rüsselsheimer Fließband ganz nah an der Fertigstellung.

Die Röntgenzeichnung offenbart den damaligen Stand der Technik ohne jegliches Highlight und ohne Weiterentwicklung seit Vorkriegstagen. Der Neubeginn nach dem Krieg betraf die Karosserietechnik und -optik, aber nicht die Mechanik.

Die ultimative Version des ersten Rekord: Opel streckte 1957 die Silhouette und verlängerte die vorderen Kotflügel über die Scheinwerfer hinaus, die hinteren mündeten in kleine Heckflossen. Am augenfälligsten hingegen war das um zwei Zentimeter niedriger angesetzte Dach

Bei der staatlichen Vergabe von Entwicklungsaufträgen für die neu gegründete Bundeswehr ging Opel als einziger deutscher Hersteller völlig leer aus (teils selbst verschuldet, die Angebote überzeugten nicht). Dafür wurde Opel bis in die 90er Jahre hinein bevorzugt, wenn es um die Beschaffung serienmäßiger Personenwagen ging. Der 1957er Olympia verzichtet auf jeglichen Chromschmuck.

Den Caravan gab es nur als Olympia. Aber mit Extras ließ er sich auf Olympia-Rekord-Niveau hieven. Der '57er Caravan brilliert mit Zweifarbenlackierung und Weißwandreifen. Aufnahmeort: München, südliches Rondell vor dem Nymphenburger Schloss, dem Marstallmuseum vorgelagert.

Den Lieferwagen gab es auf Wunsch auch nur grundiert. Der Kunde konnte ihn dann in Firmenfarben beim Lackierer seines Vertrauens schmücken lassen. Wer als Händler oder Konzessionär in Diensten einer großen Firma stand, bekam von ihr die kostenlose Lackierung seines Lieferwagens in Firmenfarben. So sorgte die Dortmunder Actienbrauerei dafür, dass ihr Logo im Verkehrsalltag zugegen war, und der Konzessionär vor Ort hatte einen adrett lackierten Olympia.

Alle Olympia Rekord '57, die im Herbst 1956 verkauft wurden, trugen eine kleine, selbstklebende Prägeplakette mit der Aufschrift »2 Millionen Opel Wagen 1898-1956«. Die Händler brachten sie an den ausgelieferten Fahrzeugen am vorderen, rechten Kotflügel an. Fraglich ist, ob außer der abgebildeten Plakette auch nur eine weitere an einem konkreten Auto die vergangenen 66 Jahre überlebt hat.

Die Palette von hinten, Aufnahme 1957 in einer Opel-Werkstatt. Beide Lieferwagen mit Dachgepäckträger, in Bildmitte eine brandneue 1957er Limousine, die für die Übergabe an den Kunden fertig gemacht wird. Die fünf schräg gestellten, kleinen Schlitze am Lieferwagen im hinteren Bereich unter der Regenrinne dienen übrigens der Laderaumbelüftung.

Kapitel 4

Was aus Amerika kam, war gut. Zumindest für die Deutschen während der ersten zwanzig Nachkriegsjahre. Jede Mode schwappte über den »Großen Teich« und wurde begierig aufgesogen. Was die Amerikaner taten, wurde zum Vorbild – gerade um sich von der nationalsozialistischen Vergangenheit zu distanzieren. Man hörte amerikanische Musik, tanzte ihre Tänze, las ihre Romane, imitierte ihre Sprache und adaptierte ihr Design. Da hatte es Opel als Kind der amerikanischen Konzernmutter General Motors natürlich besonders leicht.

Opel-Design war General-Motors-Design

Die 50er Jahre in automobiler Hinsicht waren heckflossenbewehrt, chrombeladen und bonbonfarben. Sie trugen goldene Ornamente, geschwungene Zierleisten, elfenbeinfarbene Lenkräder, Zweifarbenlackierungen, Weißwandreifen, bunte Interieurs und sie orientierten sich an den idealisierten Fortbewegungsmitteln der vermeintlichen Zukunft: Ein Armaturenbrett im besten Rock-'n'-Roll-Stil musste viele verspielte Knöpfchen und einen verchromten Hupring tragen, um dem Fahrer das Flair eines Astronauten oder Jet-Piloten zu vermitteln. Das alles kam aus Amerika.

Das General-Motors-Design in den 50ern wurde von Harley Earl geprägt, dem damaligen GM-Chefdesigner. Seine visionären Dreamcars bestimmten mit zeitlicher Verzögerung und in abgeschwächter Form das Aussehen der GM-Produkte in der ganzen Welt. 1955 präsentierte er seinen Cadillac LaSalle II als viertürige Hardtop-Limousine mit gegenläufig zu öffnenden Türen und bogenförmigen Verzierungen an den Flanken. Die Dachform und die Panoramascheiben erbten der Rekord P I von 1957 und ein Jahr später der Kapitän P I. Beide waren lupenreine US-Straßenkreuzer, hier feierten die Panoramascheiben, die Ornamente, die Flösschen fröhliche Urständ, sie waren Traumwagen, nahezu direkt aus der Feder Harley Earls. Dann war da noch Karl Stief, der Leiter der Opel-Konstruktionsabteilung. Er war der Mann, der die zu hoch in den Himmel wachsenden Flossen in endlosen Diskussionen mit der US-Konzernmutter ein wenig auf den europäischen Geschmack zurechtstutzte. Manchmal konnte er sich mehr, manchmal weniger durchsetzen. Beim Olympia Rekord P I nahezu nicht. Und eben dies war Glück und Unglück dieses Autos.

Olympia Rekord P I: Der mit der Panoramascheibe

Das Charakteristikum des Olympia Rekord P I waren die Panoramascheiben vorne und hinten. Zusammen mit den äußerst schmalen vorderen Fensterpfosten war die Rundumsicht hervorragend, was beweist, dass diese Art der Scheibengestaltung nicht nur ein Styling-Gag war, sondern durchaus positive Auswirkungen in der Praxis hatte. Das meist weiß lackierte Dach wirkte, als schwebe es wie ein Baldachin über dem

Fahrzeug, gehalten nur von der wie ein Überrollbügel im hinteren Dachbereich über die Heckscheibe fortgesetzten C-Säule. Dieser Eindruck wurde dadurch verstärkt, dass eben jener Bereich in Wagenfarbe gehalten war. Die großzügig geschwungene und über dem Hinterrad geknickte Seitenzierleiste korrespondierte mit dem oberen Abschlusswinkel der hinteren Seitenscheiben, und eine in Höhe der hinteren Panoramascheibe beginnende Karosseriesicke mündete in leicht angedeutete Heckflossen. Die Innenausstattung korrespondierte mit dem Außenlack, sie war ebenfalls zweifarbig lieferbar. Bunt auch der Blick des Fahrers auf das wichtigste Instrument: Der Walzentacho zeigte die Geschwindigkeitsbereiche in unterschiedlichen Farben an. Beim Caravan setzte die durch die Panorama-Windschutzscheibe schräg gestellte A-Säule ihren Neigungswinkel in der B- und C-Säule parallel fort; die zu einem Parallelogramm zusammengefassten hinteren Seitenscheiben wirkten wie eine Einheit. Und wenn der Caravan außen und innen in einer schicken Zweifarbenlackierung gehalten und mit Weißwandreifen ausgerüstet war, war er fast noch schicker und modernistischer als die Limousine.

Der Olympia Rekord P I wirkte also wie ein amerikanisches Dream Car, das gestern in New York oder Los Angeles auf einer Ausstellung zu sehen und heute beim Opel-Händler um die Ecke zu kaufen war. Er war modisch bis zum Exzess. Und ihn ereilte das Schicksal aller modischen Ergüsse: Ihre Halbwertszeit ist äußerst gering. Sie sind kurzfristig topaktuell, genauso schnell aber wieder völlig out of date. 1957, als der Olympia Rekord P I erschien, wollte ihn jeder haben. 1962, als der letzte Epigone des P I, der Opel 1200, noch fabrikneu vom Band lief, war der Rekord P I als Gebrauchtwagen kaum mehr an den Mann zu bringen. Längst hatte sich eine neue automobile Mode etabliert, sie hieß Pragmatismus und Trapezstil, und die Panoramascheiben und Heckflossen waren Schnee von gestern.

16 Tage lagen zwischen den beiden automobilen Großereignissen des Jahres 1957. Am 13. August präsentierte Opel in der Rüsselsheimer Stadthalle den Olympia Rekord P I. Am 29. August lüftete Ford den Schleier des Taunus 17m P2 im Kölner Stadtwald-Restaurant. Beider Form war amerikanischer denn je, beide entstammten den Designstudios der US-Konzernmütter. Beide wurden gleich lang gebaut, beide er-

Fachleute unter sich: Präsentation des Olympia Rekord P I vor geladenen Autojournalisten am 13. August 1957. Hier stehen die Neuen zur Probefahrt und Besichtigung auf dem Werksgelände bereit.

Ein Vorserienfahrzeug auf der Holperbahn des Opel-Prüffeldes in Dudenhofen, eine rein interne Angelegenheit. Der Wagen ist völlig ungeschmückt und unbechromt, dafür trägt er ein Blaulicht auf dem Dach. Aufnahme im Sommer 1957, als der normale Opel-Kunde noch den Vorgänger fabrikneu kaufen konnte.

eilte dasselbe Schicksal der rasch vergänglichen Mode. Der Opel trug vorne und hinten Panoramascheiben, der Ford nicht. Dafür reckte er seine Heckflossen weiter in die Höhe als der Mitbewerber. Der Opel war rein quantitativ das erfolgreichere Auto, aber der Ford bot mehr, weswegen Opel mit Modellpflegemaßnahmen hinterherhecheln musste.

Technisch war der Opel Olympia Rekord P I so konservativ wie seine Vorgänger und Nachfolger, doch die beschauliche Technik profitierte ein wenig vom Äußeren. Weil der Wagen wesentlich breiter, länger und niedriger als sein Vorgänger war, lag er dank tieferen Schwerpunktes besser auf der Straße. Zwar änderte Opel die Lenkgeometrie (negativer Radsturz, unterschiedlich lange Querlenker) und vergrößerte den Tank auf 40 Liter Volumen. Aber sonst tat sich wenig unterm Blech. Vorne nach wie vor eine zeitgemäße Einzelradaufhängung mit nunmehr breiterer Spur und verlängerten Schraubenfedern, hinten blieb die Starrachse an Blattfedern.

Von Luxus-Rekord und Nackten Spatzen

Der Rekord P I erschien als zweitürige Limousine, Caravan und Lieferwagen. Es gab zwei Ausstattungslinien, den Olympia und den Olympia Rekord. Die Limousine offerierte Opel in beiden Varianten, den Lieferwagen nur als Olympia. Der Caravan hieß zwar offiziell auch nur Olympia, trug aber serienmäßig etliche Merkmale der Luxusversion Olympia Rekord, und mit Extras ließ er sich vollends zum Rekord aufrüsten. Übrigens blieb sich Opel treu und bot entgegen dem Trend keine in Wagenfarbe lackierten Felgen an. Das bescherte den Herstellern von

Blick aufs Fließband, wo die Fahrzeuge schon vor der offiziellen Präsentation gefertigt wurden, im August 1957. Im neuen Opel-Werk K40 entstanden Olympia Rekord und Kapitän untereinander gemischt.

Karl Stief (1894 bis 1972) war bei Opel von 1934 bis 1959 Technischer Direktor, also Chefkonstrukteur. Er trat 1908 bei Opel als Lehrling ein, 1921 verpflichtete ihn Wilhelm Opel als Leiter der Karosserie-Konstruktionsabteilung und sein erstes großes Werk war der »Laubfrosch«. Hier erläutert er, kurz vor der Pensionierung, der Presse den neuen Olympia Rekord P I.

Als Weihnachtsgeschenk verpackt: Ebenso originelle wie dekorative Schaufenstergestaltung beim Opel-Händler Häusler in dessen Ausstellungsraum am Münchner Lenbachplatz im Winter 1957/58.

Wie eine Jukebox. Das Lenkrad elfenbeinfarben, der Hupring verchromt, die Schalter verspielt, der Tacho horizontal, und das Ganze ungepolstert und lackiert im besten Rock'n'Roll-Stil.

verchromten Radzierringen gute Verkaufszahlen. Auch Opel bot sie als werksseitiges Extra an.

Der Opel Olympia war die Sparvariante und ihm haftete ein »Arme-Leute-Image« an. Wer ihn fuhr, wurde als derjenige belächelt, der gerne einen Rekord gehabt hätte, bei dem es zum echten Rekord aber nicht gereicht hatte. Opel übertrieb es mit der Abmagerungskur: außen und innen einfarbig, kein Chrom um die Scheiben, keine Zierleiste, innen trist und grau. Selbst für die Heizung musste man 160 D-Mark Aufpreis zahlen. Das wollte zu einem Wagen mit dieser bombastischen Karosserieform und mit diesen Mittelklasse-Ausmaßen einfach nicht passen. Mit 5785 D-Mark war der Olympia 760 DM billiger als der Olympia Rekord. So richtig groß war die Ersparnis also nicht. Der Olympia wurde bis 1959 insgesamt 13.695 Mal gebaut und dann durch den Opel 1200 ersetzt. Dieser sollte die Zeit bis zum Erscheinen des Kadett A überbrücken.

Die Luxusversion hieß Olympia Rekord, aber jedermann sprach nur vom Rekord. Mit 45 PS ging der Rekord in seiner 1,5-Liter-Variante ins Rennen und war damit ein bisschen schwach auf der Brust, in seinem zweiten Produktionsjahr ab August 1958 brachte er es auf deren 50. Nochmals fünf Pferde stärker war die seitdem alternativ angebotene 1,7-Liter-Variante mit »1700«-Schriftzug am Heck, 75 DM teurer, 7 km/h schneller. Darum ging es aber nicht. Es ging ums Prestige. Der Ford Taunus 17m hatte von Anfang an 1,7 Liter Hubraum, Opel musste nachziehen. Das gleiche traf auf den Olymat zu, eine automatische Kupplung, ebenfalls seit Herbst 1958 lieferbar. Ford machte es besser, hatte den Taunomat ein Jahr früher im Angebot. Technisch waren beide automatischen Kupplungen gleich, Opel und Ford gaben den Fichtel-&-Sachs-Erzeugnissen einfach eigene Namen. Und die Reaktion auf den Kölner 17m ging bei Opel weiter. Der Ford war seit seiner Marktein-

Olympia Rekord ab August 1958, als der Innenrückspiegel von der Armaturenbrettoberseite an den Dachhimmel verlegt wurde. Was für ein Chromwunder! Das Auto ist Royalblau mit alabastergrauem Dach und trägt ein optionales Faltschiebedach. Die Szene zeigt die Auffahrt auf eine Rheinfähre.

Selbst zweifarbig Grau (Rivagrau, Dach Birkengrau) wirkte der Olympia Rekord nicht wie eine graue Maus. Der Tankwart musste sich bei seiner Tätigkeit bücken. Der Autofahrer hatte das nicht nötig. Der gab statt dessen generös Trinkgeld und stellte somit klar, wie es um die soziale Rangordnung Ende der 50er Jahre bestellt war.

Picknick Ende der 50er Jahre mit Olympia Rekord P I vor den Toren der Stadt. Ein bisschen Wochenende, ein bisschen Landschaft, ein bisschen Freiheit – einfach die Seele baumeln lassen im Kreise der Lieben.

Ab Juli 1959 offerierte Opel den Olympia Rekord als Viertürer, aber die hinteren Einstiege waren knapp bemessen. Bequem war das Einsteigen nicht. Für Klein-Susi reicht's. Für Oma nicht. Der Viertürer ist die seltenste P I-Limousine. 62.241 Exemplare wurden zwischen Juli 1959 und Juli 1960 gebaut. Nur vom Lieferwagen gab es weniger.

Viertürer mit cremefarben lackierten Felgen. Er stammt aus dem GM-Continental-Werk in Antwerpen. Dort gab es für die Felgen nicht nur schwarzen Lack. Antwerpen baute Opel für den Benelux-Markt und für den USA-Export.

Er darf Urlaub machen an der Côte d'Azur, zusammen mit seinen Menschen: früher P I mit Innenrückspiegel auf dem Armaturenbrett, also Modelljahr 1957/58. In Metalliclacken gab es den P I nicht. Das Fahrzeug wurde nachträglich neu- und umlackiert.

Autenrieth-Coupé mit Stahlschiebedach und aufgesetzten, zusätzlichen Heckflossen, dazu die Felgen in Wagenfarbe lackiert. Ein höchst individueller Wagen. Aber die vordere und hintere Panoramascheibe verkürzt den Dachpavillon optisch, was für ästhetische Unausgewogenheit sorgt.

Während Opel für den Olympia Rekord Prachtprospekte kreierte, musste der einfache Olympia mit einem Werbeblatt auskommen.

führung als Viertürer lieferbar, der Rekord erst ab Juli 1959, also zwei Jahre später. Und hier machte Opel seine Sache nicht gut. Jedermann sah, dass die hintere Türe nachträglich ins Design hineingepfuscht wurde, sie ruinierte die elegante Linienführung und geriet überdies so schmal, dass der Einstieg auf die Fondplätze alles andere als elegant vonstatten ging. Weitere Modellpflegemaßnahmen für den Jahrgang 1960: Die Zuladung wurde angehoben, sodass der Wagen endlich offiziell als Fünfsitzer galt (und damit in der viertürigen Version Taxi-tauglich wurde), die Reifen wurden größer dimensioniert und der Kofferraumgriff wurde aus Alu statt verchromtem Zinkdruckguss gefertigt. Der Innenrückspiegel war bereits seit 1959 nicht mehr auf dem Armaturenbrett, sondern am Dachhimmel angebracht, die Aluzierleiste am unteren Abschluss der Windschutzscheibe wurde etwas breiter ausgeformt und der Scheibenwischer war nun zweistufig und elektrisch (statt via Nockenwelle angetrieben und somit motordrehzahlabhängig).

Optisch tat sich während der dreijährigen Bauzeit des Olympia Rekord P I, von der Einführung des Viertürers abgesehen, nahezu nichts. Das war für Opel untypisch. Dass beim P I ein rascher Veralterungsprozess eintrat, lag nicht an mangelnder Modellkonstanz, sondern am modischen Aussehen. Ursprünglich hieß der Panorama-Rekord intern nur »Rekord P«, das »P« für »Panoramascheibe«. Zum P I wurde er erst nachträglich, als Opel 1960 den Nachfolger P II lancierte. Von August 1957 bis Juli 1959 wurden 384.692 Limousinen, 109.282 Caravan und 15.136 Lieferwagen produziert. Rund die Hälfte ging in den Export. Im südafrikanischen GM-Werk in Port Elizabeth, wo auch Opel-Wagen gebaut wurden, lief der Olympia Rekord P I als Pickup vom Band. Der Olympia Rekord P I diente Karosserieschöpfern als Basis, für Luxus- ebenso wie für Nutzfahrzeuge. Letztere waren Bestattungs- und Krankenwagen, wobei beide Gattungen, alleine wegen der notwendigen Innenraumlänge, bevorzugt auf Kapitän- und nicht auf Olympia-Rekord-Basis ausgeführt wurden. Opel-Umbauten erledigte traditionsgemäß das Karosseriewerk Autenrieth in Darmstadt, es existierte von 1918 bis 1964. Nach dem Krieg schnitt Autenrieth bevorzugt Opel-Wagen das Dach ab, auch dem Rekord P I. Dem Stil der Zeit gehorchend, versah Autenrieth den P I auch mit aufgepflanzten Heckflossen. Neben Cabriolets entstanden bei Autenrieth auch Coupés. Der Münchner Karosserier Leonhard Dreier konvertierte ebenfalls Limousinen in Coupés, allerdings ohne Heckflossen und ohne hintere Panoramascheibe.

»Eine weite Skala schöner Farben«: Auszug aus der Farbkarte des Rekord P I.

Die beiden Opel am Fließband: Dem Rekord PI folgte, ebenfalls im Traumwagenstil, der Kapitän PI im Juni 1958, hier am laufenden Band direkt hinter einem Olympia PI. Der Kapitän PI war ein hocheleganter Wagen mit beinahe schon coupéhaft gezeichneter Dachlinie. Doch seine bis zum Äußersten getriebene Eleganz brachte praktische Nachteile mit sich, und so musste Opel reagieren. Schon nach einem Jahr erschien früher als ursprünglich geplant der optisch überarbeitete und mit aufgebohrtem Motor versehene Nachfolger.

Wer in den 60ern geboren wurde, kennt dieses Fahrzeug als kleines Wiking-Modell. Dieser Post-Funkmesswagen entspricht der Wiking-Nummer 7p. Sobald der Bub damit spielte, verlor er die Antenne auf dem Dach. Allenfalls, wenn 7p als Staffage auf der Modellbahnanlage diente, hatte er die Chance, seine Antenne zu behalten.

Im Dienste des Bayerischen Rundfunks: Olympia Caravan als Schnellreportagewagen mit ebenso nützlichen wie rassigen Zusatz-Nebelscheinwerfern.

Leonhard Dreier in München nahm sich auch des Themas Coupé an, interpretierte es aber anders: Die konventionell gestaltete hintere Dachpartie wirkt wesentlich harmonischer als beim Autenrieth-Coupé. Doch Dreier hatte nur regionale Bedeutung, seine Schöpfungen konnte man beim Münchner Opel-Händler Häusler kaufen, aber nicht über die komplette Opel-Händlerorganisation.

Ein Olympia Lieferwagen in Diensten von »Hör Zu«. Das war die erste Programmzeitschrift nach dem Krieg aus dem Axel-Springer-Verlag. Die Hör Zu war nicht allein Programm-Zeitschrift, sondern avancierte in den 50ern zur Illustrierten, eine Art Heile-Welt-Zeitschrift für die ganze Familie. Der konkrete Opel wirbt zwar für das Blatt und der Springer-Verlag zahlte die Lackierung, aber er ist Eigentum des Pressegroßhandels Carlsen in Kiel.

Weiß mit roter Lederausstattung: höchst elegantes Cabriolet von Autenrieth, die schwarze Persenning sogar mit rotem Keder geschmückt, darüber hinaus zusätzliche Flossen und doppelte Zierleisten. Wer sich bei Autenrieth seinen Olympia Rekord zum Cabriolet umbauen ließ, bekam viel für's Auge, einen Wagen, nach dem sich jeder umdrehte.

Ein Umbau zum Bestattungswagen ist teuer, und einen Kapitän zu konvertieren kostet das Gleiche wie der Umbau eines Rekord. Aber er versprüht deutlich mehr Renommee. Manch ein Bestatter votierte dennoch für den Mittelklasse-Opel, hier von Welsch in Mayen realisiert, deutlicher Karosserieüberhang hinten, leicht erhöhtes Dach. Die nicht verlängerte Zierleiste wirkt provisorisch.

Lückenbüßer: Der Opel 1200

Spätestens ab 1924 mit dem Laubfrosch begann Opel seinen Weg zum Vollsortimenter. Der Krieg veränderte die Gegebenheiten massiv, die Folgen desselben noch mehr. Denn die Produktionsanlagen für den auch nach dem Krieg durchaus noch zeitgemäßen Opel Kadett wurden von den Sowjets beschlagnahmt und nach Moskau entführt, aus ihm sollte der Moskvitch entstehen. Opel hatte somit keinen Kleinwagen mehr im Angebot, die Palette begann mit dem unteren Mittelklassewagen Olympia, aus dem der Olympia Rekord werden sollte, echte Mittelklasse. Das große Geschäft mit der Volksmotorisierung hingegen machte Volkswagen mit dem Käfer. Sein Erfolg war überwältigend, und Opel blieben auf dem deutschen Markt »nur« die Plätze Zwei und Drei mit den Typen Olympia Rekord und Kapitän. Das war zwar hervorragend, aber ein gewinnorientierter Autokonzern strebt stets nach mehr, möglichst nach der Spitzenstellung. So entschloss sich General Motors in der zweiten Hälfte der 50er Jahre, den VW anzugreifen, und zwar massiv. Die Idee des Kadett, hergestellt in einer völlig neuen Fabrik in Bochum, war geboren. Ab 1957 entwickelte Chefkonstrukteur Karl Stief den neuen Kleinwagen, intern sprach man bei Opel vom »Anti-VW«. Doch bis dieses große Ansinnen realisiert werden konnte, sollten noch einige Jahre vergehen. Um sie zu überbrücken und den Kleinwagenmarkt nicht kampflos dem VW zu überlassen, entschloss sich Opel zu einer Billigversion des Panoramascheiben-Rekord. Das sollte aber nicht der bekannte Opel Olympia sein, ein abgemagerter Rekord mit dessen Motor. Sondern der Opel 1200, ebenfalls abgemagert (aber nicht gar so sehr wie der Olympia), dafür mit einem hubraum- und leistungsreduzierten Motor auf VW-Niveau.

Natürlich konnte dies nur ein Kompromiss sein, und zwar einer, der den amerikanischen Wertvorstellungen entsprach. Für die Amerikaner ist der »Wert« eines Wagens durch seine Ausstattung definiert, denn die Abmessungen taugten als Unterscheidungsmerkmal kaum: US-Cars waren damals alle weitgehend gleich groß – und aus europäischer Sicht betrachtet einfach nur riesig. So versuchte GM, aus dem gut ausgestatteten Opel Olympia Rekord einen konkurrenzfähigen Kleinwagen zu machen, indem man einfach die Ausstattung auf ein Minimum reduzierte (Opel Olympia) respektive zusätzlich die Motorleistung zurücknahm (Opel 1200). Für diese feinen Unterschiede war der europäische Durchschnittskäufer nicht empfänglich. Olympia und Opel 1200 blieben für ihn Mittelklassewagen, wie der Olympia Rekord auch, aber dürftiger ausgestattet oder schmächtiger motorisiert. Der Europäer wollte aber einen kleinen Opel, nicht einen abgemagerten Mittelklasse-Opel. Er bekam ihn 1962 mit dem Kadett A.

Während der Opel Olympia P I, wie schon bei der Vorgängergenerati-

Die durchgängige, aber nicht geknickte Flankenzierleiste war sein Markenzeichen, ansonsten etwas weniger Chrom als beim Rekord. Aber der Opel 1200 war ein reputierliches Fahrzeug.

on, parallel zum Olympia Rekord angeboten wurde, überlebte der Opel 1200 mit der Karosserie des P I seinen Patron und rettete die Panoramascheiben-Karosserie in die 60er Jahre hinein, als längst der Rekord P II die Opel-Mittelklasse definierte. Seinen Status als Interimslösung sah der Kunde dem Opel 1200 schon dadurch an, dass er keinen Namen trug. Jeder Opel hatte damals einen Namen. »1200« war wenig. Aber »1200« war eben auch die Bezeichnung des Volkswagen. Also zeigte das Typenschild bereits, wen der Opel 1200 im Visier hatte. Er war kein Möchtegern-Rekord wie sein Vorgänger, ihm versuchte Opel, ein eigenes Image zu schaffen. Der 1200er war etwas besser ausgestattet als der Olympia: keine nackte Flanke mehr, sondern eine Zierleiste – zwar nicht modisch geknickt wie beim Olympia Rekord, sondern geschwungen, aber immerhin vorhanden. Die vordere und hintere Panoramascheibe wurde von einer Chromeinfassung geschmückt, der Innenraum war nicht gar so ärmlich, sondern richtiggehend wohnlich, frische Farben dominierten, nicht das Grau des Olympia. Opel bewarb ihn mit seinen Vorzügen gegenüber dem Konkurrenten, nämlich dem Platzangebot, dem Kofferraumvolumen, dem modernen Layout mit Frontmotor und mit seinem flächendeckenden Kundendienst, der dem VW-Service ziemlich nahe kam, ihn aber quantitativ nicht ganz erreichte.

Sein 1,2-Liter-Vierzylinder war vom klassischen 1,5-Liter-Rekord-Motor abgeleitet und brachte es auf 40 PS. Im Fahrbetrieb bot er kaum eine Ersparnis gegenüber dem Rekord. Die niedrigere Leistung musste wegen des Wagengewichts häufiger voll ausgenutzt werden, um den Wagen im Verkehr fließend zu bewegen. Mit blumigen Umschreibungen suchte Opel den leistungs- und hubraumreduzierten Rekord-Motor schön zu schreiben: Er sei »ein Taktiker und Stratege zugleich«, »Eskimo und Afrikaner in einem«, denn er sei »immun gegen winterliche Tiefkühlung und gegen den Tropenkoller an steilen Bergen«, und er nehme Rücksicht auf die Nerven des Fahrers, denn er sei laufruhig und leise: »Das so angenehme Bequeme und das so vorteilhaft Wirtschaftliche – hier wird's zur Einheit.« Vom Opel 1200 wurden zwischen August 1959 und Dezember 1962 insgesamt 67.952 Exemplare gebaut, ausschließlich als Zweitürer-Limousine.

Von hinten ist der Opel 1200 nur durch den Heckschriftzug und die schmalere Fensterchromleiste vom Olympia Rekord P I zu unterscheiden.

Stolz auf das, was man erreicht hat. Gegenüber dem allgegenwärtigen Volkswagen hatte der Opel 1200 handfeste Vorteile. Gleichsam schaute der Eigentümer eines zweifarbigen, chromblitzenden Olympia Rekord mit allen Extras indigniert, wenn ein Opel-1200-Fahrer sich am Serviceschalter des Autohauses vordrängte und ihn überdies wissen ließ: »Wir fahren ja das gleiche Auto!«

Ein Hauptgewinn muss attraktiv sein für die Teilnehmer der Tombola und halbwegs bezahlbar für jene, die sie organisieren oder sponsern. Diese Definition passt zum Opel 1200, hier im Jahre 1960 als Erster Preis der Verlosung ausgestellt. Macht was her, kostet wenig.

This is Opel

Im Kampf gegen die Allmacht des Volkswagen Käfer als Importwagen Nummer Eins in Nordamerika schickte General Motors 1957 den Opel Olympia Rekord P I ins Rennen. Der »kleine Amerikaner« made in Germany schlug sich tapfer. Es war die Zeit, als die Heckflossen bedrohlich in den Himmel wuchsen. Die amerikanischen Straßenkreuzer, wohl für den Highway gemacht, entschwebten immer mehr den irdischen Sphären und nahmen Ähnlichkeiten mit Düsenjets, Raketen und Space Shuttles an. Das gefiel den Amerikanern, die in der zweiten Hälfte der 50er Jahre das Raketenzeitalter gekommen sahen und von der Eroberung des Weltalls träumten. Ikonen des amerikanischen Automobildesigns wie Harley Earl gaben dem Volk, was das Volk wünschte.

Aber da waren auch noch andere unter ihnen. Bodenständige Leute, denen die Haftung an der Erde auch automobilistisch nicht entglitten war. Ihnen hatte die bunte Palette von General Motors, Chrysler und Ford nichts zu bieten. Sie wurden dennoch bedient, schon seit Jahren. Nämlich von Heinrich Nordhoff, dem Chef des deutschen Volkswagenwerkes. Er setzte bald nach seiner Amtsübernahme 1948 auf den Export, auch nach Nordamerika. Nordhoff vollzog in den USA dasselbe, was dem Käfer auch in Deutschland zu seinem durchschlagenden Erfolg verhalf: Er baute den Service in den USA so konsequent aus, dass es in jedem Kuhdorf einen VW-Dealer gab und bot den jährlich verbesserten Beetle so preiswert wie möglich an. Das ausgereifte Nonkonformistenauto eroberte Amerika im Fluge.

Die Beetle-Klientel wollte General Motors mit einem Eigenprodukt bedienen und schickte ab dem Modelljahr 1958 den brandneuen Opel Olympia Rekord P I ins Rennen um die Gunst der vernünftigen Autofahrer Amerikas. Doch GM ging andere Wege. Der Rekord P I war nichts als ein verkleinerter US-Traumwagen aus der Feder amerikanischer Designer. Warum sollte er also nicht auch den Amerikanern gefallen? Verkauf und Service gliederte GM seiner Buick-Division an. Dadurch war

Der kleine Buick: Der US-Rekord trug Sealed-Beam-Scheinwerfer, weiße vordere Blinkergläser und zusätzliche Positionsleuchten direkt daneben. So ausgestattet entsprach er den dortigen Straßenverkehrsvorschriften. Prospektcover von 1958.

ein flächendeckender Vertrieb gegeben, ohne dass GM großartig investieren musste. Die Marke Buick stand in der GM-Hierarchie weit oben, direkt hinter Cadillac. Das zeigt, dass GM den Opel als Premiumprodukt betrachtete. Auch den britischen Vauxhall bot GM damals in den USA an, er wurde von Pontiac-Händlern vertrieben.

Volkswagen hatte den Weg bereitet, dass das Ansehen deutscher Autos in den USA sehr hoch war. Das war eine gnädige Steilvorlage für GM. Der Konzern musste die dortigen Käufer nicht unbedingt davon überzeugen, warum es gerade ein deutsches Auto war, das sie kaufen sollten. Die Amerikaner mochten deutsche Produkte. So konnte GM also offensiv mit der deutschen Abstammung und deutschen Qualität des Opel werben. Es mag sonderbar erscheinen, dass der Rekord auf dem US-Markt mit dem Käfer konkurrierte. Das liegt darin begründet, dass ein »normaler« Chevy riesig war und Motoren jenseits der fünf Liter Hubraum aufwies. Da galt ein Auto in den Größenkategorien von Opel oder VW einfach als Kleinwagen, egal, welchen Hubraum es zu bieten hatte. Der Export-Opel unterschied sich vom deutschen Modell nur durch wenige Details. Die vorderen Blinker dienten als Positionsleuchten und hatten weiße Gläser, die eigentlichen Blinker waren zusätzlich daneben angebracht. Die hinteren Blinker hatten rote Gläser. Sealed-Beam-Scheinwerfer waren in den USA obligat. Weißwandreifen aus US-Produktion waren serienmäßig. Es gab keine Zweifarblackierung. Wer ein derartiges Luxusextra wollte, sollte nach der GM-Meinung gleich einen Chevrolet kaufen. Die technischen Daten wurden nach amerikanischen Maßen und Gewichten angegeben. So hatte der 1500er 56 SAE-PS, in Deutschland hatte er 45 DIN-PS. GM offerierte den P I als zweitürige Limousine und als Caravan, das gleiche galt für den Nachfolger P II von 1960.

Der Opel Olympia Rekord, sowohl der P I als auch sein Nachfolger P II, konnte nicht gegen den Käfer auf dem US-Markt reüssieren. Er wurde gekauft, machte dem VW das Leben aber nicht schwer. Das lag daran, dass die Amerikaner das Käfer-Typische schätzten. Der Käfer war eben der Käfer. Und der Olympia Rekord war ein kleines US-Car. Dann kaufte der Amerikaner lieber ein echtes US-Car. Die Zeit war noch nicht reif für den Opel. Erst als GM ein paar Jahre später den Kadett B auf dem US-Markt lancierte, konnte dieser an den VW-Marktanteilen knabbern.

So wirbt man für ein Highway-gerechtes Auto in den USA: Man lässt es auf dem Highway cruisen. Dabei war das Fahrwerk eines deutschen Opel deutlich besser als jenes eines Chevrolet.

Das Heck erinnert sehr an den Chevrolet Bel Air von 1956, und mit den Kennzeichen in typisch amerikanischer Größe sieht der Olympia Rekord P I von hinten wahrlich aus wie ein kleiner Amerikaner. Die hinteren Blinkleuchten waren rot eingefärbt.

Sinnbildlich für den Opel-Erfolg in den USA steht diese Szene, aufgenommen bei einem Volkswagen-Händler in Florida im Sommer 1963. Eine Kongregation an Besuchern (Journalisten?) besichtigt den Händler, angereist sind sie mit einem Fageol-Bus. Ganz rechts in der Gebrauchtwagenreihe ein einzelner Opel Olympia Rekord PI. Und selbst dessen Vorbesitzer blieb der Marke nicht treu. Sonst stünde der Wagen nicht als Gebrauchter beim Volkswagen-Dealer.

Rekord Pickups aus Südamerika, Südafrika und Griechenland

In Mittel- und Südamerika war in den 60er Jahren der Bedarf nach leichten Pickups groß. Großserienhersteller hatten diese damals nicht im Programm, es gab nur ausgewachsene und teure US-Pickups. Lokale Importeure versorgten den Markt durch Umbauten vor Ort, mehr oder weniger professionell von Karosseriebaubetrieben gefertigt, meist in manueller Kleinserie mit sehr großem Handarbeitsanteil. Die Karosserien ihres Heckbereichs beraubt, die Aufbauten aus dickem Blech, ohne Karosseriepressen gefertigt, einfach abgekantet und mit dem Hammer zurecht gedengelt, optisch oftmals fragwürdig, aber nahezu unzerstörbar. Die Tatsache, dass selbsttragend konstruierte Fahrzeuge dadurch an Stabilität litten, wurde entweder ignoriert oder man behalf sich durch krude am Fahrzeugboden eingeschweißte U-Profile. Manche Karosseriebauer gingen sogar so weit, Rahmen zu fertigen und das Fahrerhaus sowie die Pickupwanne einfach darauf zu setzen. Erst in den 70er Jahren wurde dieses Bedürfnis professionell bedient (vor allem von Ford mit dem P100 auf Cortina-Basis).

Auch in Uruguay verlangte die Landbevölkerung nach leichten Pickups, gefertigt wurden sie von örtlichen Blechkünstlern. Erste Ansätze von Professionalität kamen auf, als zwei lokale Auto-Großhändler, ein Ford- und ein General-Motors-Konzessionär, zusammen 1963 die Firma Automotores Mar y Sierra S.A. in Pan de Azúcar/Maldonada gründeten. Hier wurden, zumindest ansatzweise einer Konstruktion folgend, in kleiner Serie die beiden Pickup-Typen Serrana und Marina gefertigt. Der Marina basierte auf dem Opel Rekord A und B, der Serrana auf dem Ford Taunus P5 und später P7. In Werksveröffentlichungen sahen die Wagen recht gut aus, in Wirklichkeit waren sie grausam zusammengebrutzelte Provisorien, und wenn keine Neuwagen zum Umbau zur Verfügung standen, so wurden die Fahrerhäuser im Stil der jeweiligen Typen gestaltet, und es konnte durchaus eine Ford-Frontpartie mit Rekord-Türen und -Windschutzscheibe kombiniert werden. Offenbar war es preiswerter, die Fahrerhäuser selbst zu fertigen und ihnen mit Original-Ersatzteilen ein Markenflair zu verleihen, als ein Spenderfahrzeug zu opfern. Auf diese Weise sollen bis ungefähr 1970 an die 1500 Pickups hergestellt worden sein. Danach verkauften die Eigentümer die Automotores Mar y Sierra S.A. an den Importeur von Concord-Fiat (das war die argentinische Fiat-Filiale mit eigener Produktion) in Uruguay.

Die bei Automotores Mar y Sierra S.A. in Uruguay produzierten Pickups hießen nicht Opel oder Ford, sondern trugen die Namen Marina (Opel-Basis) oder Serrana (Ford-Basis). Das 1970er Prospektblatt vermittelt einen Eindruck der Improvisationskunst der Pickup-Schmiede.

Professioneller gingen die Importeure in Südafrika vor. Dort wurden aus serienmäßigen Opel Caravan Pickups geschaffen. GM South Africa vergab die Aufträge an seriöse Karosseriebaufirmen vor Ort und vertrieb die Fahrzeuge über das offizielle Händlernetz. In Südafrika spielt der Pickup eine große Rolle, landläufig wird er in der dortigen Sprache Afrikaans (ursprünglich der niederländische Dialekt weißer Buren) »Bakkie« genannt.

Beliebt waren Pickups auch in Griechenland. Und Griechenland war schon immer eine Opel-fahrende Nation. Urlauber konnten dort, vor allem auf den Inseln, bis vor einigen Jahren Opel Pickups entdecken. Sie standen herum, von der Sonne verwöhnt, von der Sonne verbrannt. Altwagen eben, die niemand entsorgte, weil niemand dafür zuständig war. In Griechenland fuhr fast jeder Gemüsebauer und Kleinhandwerker einen Pickup auf Basis eines Pkw-Kombi, am liebsten eines Opel Caravan. Er fuhr sich wie ein Personenwagen, wurde aber als Nutzfahrzeug steuerlich begünstigt, und seine Transportkapazität reichte vollauf für den Alltagsgebrauch – wobei sich kein griechischer Handwerker in den 50er oder 60er Jahren um die zulässige Nutzlast seines Autos scherte. Er lud auf, was reinpasste. Manche der raren

Exoten im Opel-Kosmos standen Jahrzehnte unbehelligt auf einer der Inseln. Abgestellt und aufgelassen wurden sie meist wegen ihres Alters, wegen eines technischen Defektes, den zu reparieren sich nicht mehr lohnte, wegen einer Neuanschaffung oder auch, weil der Besitzer verstorben war. Sie blieben stehen, wo sie standen. Für immer. Manche davon, an abgelegenen Flecken, stehen vielleicht heute noch dort.

Ein 1953er Opel Olympia Rekord Pickup auf Kreta, aufgenommen 1999. Wie lange steht er dort herum? 20, 30 oder 40 Jahre? Er wartet regungslos, wo er wartet, und worauf er wartet, ist unbekannt.

Im Jahr zuvor auf Lesbos, ein '58er Olympia Pickup, welcher dereinst als Caravan zur Welt gekommen war und anschließend in Griechenland umgebaut wurde.

Erneut Lesbos, 60er-Jahre-Rekord, idyllisch gelegen, sein Hellblau harmoniert mit dem prächtigen Rosa der Natur: Rekord A Pickup, aufgenommen 1993...

...und hier eine wesentlich ältere Aufnahme vom August 1973, als ein Rekord A Pickup in Griechenland noch im alltäglichen Einsatz war.

Rekord B vom Kap: Südafrikanische Pickup-Interpretation, Bakkie genannt, nunmehr auf dem Rekord B basierend. Restauriertes Fahrzeug, Anfang der 90er Jahre aufgenommen.

Kapitel 5

Er ist ein Solitär. Denn der Rekord P II will formal einfach nicht in die Reihe passen. Das macht ihn einzigartig in der Ahnengalerie. Denn bis dahin hatte in der Opel-Modellpalette jeder neue Typ formale Anleihen am Vorgänger genommen und bestimmte Charakteristiken weiter in die nächste Generation transportiert. Seitdem das Opel-Programm aus mehr Typen als nur dem Rekord und dem Kapitän besteht, werden auch formale Anleihen am nächst größeren oder nächst kleineren Modell genommen, und unterm Strich ergibt sich daraus eine stringente und nachvollziehbare Formentwicklung.
Nicht so beim Opel Rekord P II. Er bricht radikal mit dem Vorgänger. Und sein Nachfolger erbt von ihm rein gar nichts. Der Vorgänger, der Rekord P I mit seinen Panoramascheiben und dem bis zur Spitze getriebenen Amerikanismus, war so verdammt modisch, dass er innerhalb kürzester Zeit verdammt aus der Mode war. Da konnten die US-Designer nun wirklich keine Anleihen mehr nehmen. Das einzige, was vererbt wurde, war die parallelogrammförmige Anordnung der hinteren Seitenscheiben beim Caravan. Und der Nachfolger, der Rekord A, sprach wieder eine ureigene Formensprache, die ein neuartiges GM-Produkt zitierte, sodass er es schlichtweg nicht nötig hatte, die Ausdrucksweise des P II fortzusetzen. So steht der Opel Rekord P II formal als Solitär da. Nach den Eskapaden beim Vorgänger hielt sich die GM-Stylingabteilung bewusst zurück. An den zeitgleichen US-Modellen fanden sich keinerlei Parallelen zu den Charakteristika des Rekord P II, also dem großen Chromgrill und den doppelten, runden Rücklichtern, die dem Wagen in Deutschland schnell seinen Spitznamen verschafften: der »Teenager-Busen«. So steht der Opel Rekord P II nicht nur in der Ahnenreihe der Opel-Wagen, sondern sogar im GM-Kosmos einzigartig da.

Der Außenseiter: Rekord P II

An die alte Schule der 50er Jahre wird lediglich durch die weit ausgeformten vorderen Kotflügel erinnert, die in runden Scheinwerfern münden. Darunter der Grill. Was für ein Grill! Ein wahres Monstrum horizontaler Chromstreben, das in Wirklichkeit nicht verchromt ist. Das komplette Pressteil ist aus poliertem Aluminium gefertigt. Wer den Grill anständig pflegte, konnte seinen Hochglanz erhalten. Aber es ließ sich kaum vermeiden, dass der weiche Werkstoff seine Form einbüßte. Kaum ein Rekord P II bekam im Alltagsbetrieb keine verbogenen Grillstreben. Aber rosten konnte der Grill nie. Obgleich der Wagen recht hoch baute, betonte der Grill das horizontale Moment und ließ den Opel breiter erscheinen, als er war. Dieses sehr geschickt gemachte Formelement wurde allerdings konterkariert durch die extrem schmale Spurbreite von nur 1265 mm, die allen Opel damals zu Eigen war. Das Heck mündete in ganz zaghaften Heckflossen, eher sinnvolle Kanten, die dem Fahrer beim rückwärtigen Einparken aufzeigten, wo sein Auto zu Ende war. 1960 waren Heckflossen in den USA mausetot. Aber weil der europäische Geschmack dem US-amerikanischen

Sie sind es, die dem Rekord P II seinen Spitznamen verpassten: die Rückleuchten. Der Volksmund nannte sie – und in Folge davon das gesamte Auto »Teenager-Busen«.

stets etwas hinterher hinkte, dachten die US-Stilisten, ein Opel bräuchte noch zumindest angedeutete Flösschen. Die auf zwei Ebenen angeordnete Flankenzierleiste ließ den Wagen trotz seiner Höhe leicht erscheinen; die obere mündete in einem in die Länge gezogenen »Rekord«-Schriftzug, die untere betonte die doppelten, kleinen Rückleuchten. Sie waren der Styling-Gag schlechthin am Opel Rekord P II, und selbst ein Mensch, der sich nicht mit Autos auskannte, realisierte beim Anblick dieser Rücklichter: Das ist ein Opel Rekord. Übrigens: kein Olympia Rekord mehr.

Mit dem Rekord P II ließ Opel die Traditionsbezeichnung Olympia fallen, obgleich sie sich als Schriftzug auf dem Handschuhfachdeckel wiederfand, und im Kfz-Brief stand als Typbezeichnung ebenfalls »Olympia-Rekord-P-II«. Eine Billigversion namens Olympia gab es natürlich nicht mehr. Diese Position hatte nun der Opel 1200 inne.
Nicht nur Opel brach bei der 1960er Neuerscheinung mit dem radikalen Amerikanismus des Vorgängers, auch Konkurrent Ford. Die Kölner lancierten den Taunus 17m P3 mit dem Slogan »Die Linie der Vernunft« und brachten ein windschlüpfriges, glattflächiges Automobil ohne Ecken und Kanten mit sehr fließenden Linien. Die so genannte Badewanne schlug ein wie eine Bombe, und erstmals in der Geschichte verdrängte Ford seinen Rüsselsheimer Mitbewerber auf den dritten Platz der deutschen Zulassungsstatistik (deren Spitzenposition unangefochten der Volkswagen Käfer einnahm). So weit wie Ford traute sich Opel nicht, sondern setzte auf die Trapezlinie als Tribut an den Zeitgeschmack.

Diese völlig kantige Form war am Wechsel der 50er zu den 60er Jahren der letzte Schrei. Bekannteste Vertreter dieser Formenkultur sind neben dem Fiat 1800/2100 der Peugeot 404 und die englischen BLMC-Modellfamilien Austin Cambridge/Morris Oxford sowie Austin Westminster/Vanden Plas Princess. Die Trapezform hatte ein langes Leben, wenngleich sie seit Mitte der 60er Jahre aus der Mode geriet. Fiat hielt bis 1968 daran fest, Peugeot sogar bis 1974 (und der Trabant bis 1990). Bei Opel war sie schon 1963 out. Während der radikal gezeichnete Ford polarisierte, war der Opel eher gefällig, ohne zu begeistern. Dieser Begriff beinhaltet zweierlei. Einerseits bedeutet »gefällig«, dass es gefällt. Andererseits bedeutet es auch unaufgeregt, banal, trivial. Das trifft auf den Opel Rekord P II zu. Er war auf den ersten Blick als Opel Rekord zu identifizieren, fügte sich unauffällig und harmonisch ins Straßenbild, war aber auch kein Hingucker – im Gegensatz zum fortschrittlichen Ford. Mit diesem Rekord verlor Opel an Terrain, Ford verkaufte seinen anfänglich etwas skeptisch aufgenommenen P3 hervorragend und offerierte eine 75 PS starke TS-Version, dem Opel nicht die Stirn bieten konnte. Außerdem litt der Rekord P II unter dem 1961 herausgekommenen VW 1500 Stufenheck, dem Volkswagen für Käfer-Aufsteiger. Um sich vom Vorgänger zu distanzieren, druckte Opel im ersten P-II-Prospekt vom August 1960 selbstkritische Worte und rhetorische Banalitäten: »Was ist schwieriger, als Selbstgeschaffenes zu überbieten?«, oder auch: »Was gestern noch gefiel, muß es heute noch gefallen?«. Der Prospekt bot selbstverständlich Antworten und versuchte, dem Kunden die völlig neue Linie als Evolution schmackhaft zu machen: »Schöner denn je, zeitbewußt in seinen Linien, ungekünstelt, verfeinert, verbessert, die eigene bisherige Leistung selbst übertreffend«.

Im August 1960 wurde die zweitürige Limousine und der Caravan sowie der von ihm abgeleitete Lieferwagen vorgestellt, die Viertürer-Limousine (mit Kindersicherung an den hinteren Türen, damals innovativ!) folgte im Dezember und hatte, im Gegensatz zum kritisierten Vorgänger, vernünftig große hintere Einstiege. Der Karosseriebauer Autenrieth in Darmstadt entwickelte ein Coupé auf Basis der Zweitürer-Limousine, doch ihm entzog Opel zur IAA 1961 die Grundlage und stellte ein eigenes Coupé vor.

So richtig schön Früh-60er: Der knallrot lackierte Stahlzaun, das Eigenheim mit Auffahrt und Garage, der blitzende und blinkende, funkelnagelneue Opel, der ebenso stolze wie wohlstandsfrohe Eigentümer. 1960 war das Wirtschaftswunder an seinem Hoch- und Wendepunkt. Ökonomen verorten 1961 als Wende, der Niedergang der Borgward-Werke sei das Ende der Wirtschaftswunderzeit.

Das Armaturenbrett mit Breitbandtacho, den man ablas wie einen Text: nämlich von links nach rechts. Es ist nach wie vor kein »Brett«, sondern aus Stahlblech, in Karosseriefarbe lackiert, an der Oberseite gepolstert. Die Zeichnung ist dem P II-Prospekt vom August 1960 entnommen. Obgleich der Wagen nicht mehr Olympia heißt, findet sich der Schriftzug nach wie vor auf dem Handschuhfachdeckel.

In diplomatischen Diensten in der DDR unterwegs: zweitüriger P II mit Nebelleuchten und Weißwandreifen.

Freude über den neuen Rekord P II. Vor allem die einfacher ausgestatteten Wagen waren gerne einfarbig weiß lackiert, das war damals eine Trendfarbe. Die Dame gönnte ihrem Zweitürer einen Satz Weißwandreifen, die gut mit der Außenfarbe harmonieren und auch die stets schwarzen Felgen aufwerten. Die Blinkergläser sind weiß.

Der Opel Rekord wurde zunehmend zum Vertreter der 1,7-Liter-Klasse, was durch den »1700«-Schriftzug dem Hintermann klar gemacht wurde. Rekord L mit zwei Rückfahrscheinwerfern in alpinen Regionen. Der Wagen trägt ein Faltschiebedach, nachträglich implantiert. Denn zu P II-Zeiten offerierte Opel ausschließlich Stahlschiebedächer.

Einen kleinen, feinen Unterschied gab es Ende 1960. Waren die ersten P II mit weißen vorderen Blinkergläsern ausgeliefert worden, gab es nun orangefarbene, aber die weißen waren nach wie vor auf Wunsch erhältlich. Bis 31. Dezember 1962 hatte der deutsche Autokäufer die freie Wahl, ob er vorne weiße oder orangefarbene Blinker haben mochte. Während des Jahres 1963 kam allerdings eine strikte Umrüstempfehlung, und weil sich kaum jemand der Argumentation pro Orange entziehen konnte, wurde trotz gesetzlichem Bestandschutz munter umgerüstet. Darum sind heute weiße Blinkergläser so selten.

Im Juni 1962 wurde der Opel Rekord P II überarbeitet. Ein Viergang-Ge-

Im Bild der Autenrieth-Prototyp des Coupés mit anderer Dachlinienführung, nach hinten stärker abfallend, die obere Seitenfensterlinie geschwungener und, vor allem, in Hardtop-Bauweise ohne durchgehende B-Säule und mit rahmenlosen Seitenscheiben. Das wäre sicherlich die attraktivere Interpretation gewesen, aber eben auch die aufwändigere und somit teurere.

Der edelste Opel Rekord P II schlechthin ist das von Autenrieth gefertigte Cabriolet. Etwa 20 Exemplare entstanden in den Darmstädter Ateliers zum Preis von 11.635 D-Mark. Einem davon zu begegnen, ist schon selten genug. Zwei nebeneinander ist die absolute Ausnahme. Gesehen bei einem Alt-Opel-Treffen bei Opel-Keinath in Dettingen.

Am 1960er Rekord musste Opel nicht nachträglich herumpfuschen, um einen Viertürer zu kreieren. Er wurde von Anfang an mit vier Türen gestylt. Die meisten L-Modelle waren Viertürer, wie im Bild.

triebe ersetzte die antiquierte Dreigang-Box, gegen Aufpreis gab es vordere Einzelsitze anstelle der Bank, und der Rekord L erweiterte die Palette. Er war innen so luxuriös, wie es bei einem Mittelklasseauto wahrlich nicht üblich war: Einzelsitze statt der vorderen Sitzbank (Liegesitze gegen Aufpreis), schöne, zweifarbige Stoffe, durchgehender Teppichboden, Lichthupe, Doppeltonhupe, kippbarer Innen- und konvexer Außenspiegel, Haltegriffe, beleuchtetes Handschuhfach, Ablagenetze an den Rückseiten der Vordersitzlehnen. Äußerlich war der Luxus-Rekord durch zusätzlichen Chromschmuck (Regenrinne) aufgepeppt worden, und er trug die etwas anders geformten Rücklichtgläser des Coupés sowie zwei Rückfahrscheinwerfer, dazu einen verschließbaren Tankdeckel; Auspuffblende und Radzierringe waren verchromt. Wie der Kapitän L war er mit Krönchen und Ornamenten, möglichst golden eloxiert, geschmückt. Statt der beiden Fähnchen am hinteren Seitenblech trug er ein geschwungenes »L«. Das gefiel den Wohlstandsbürgern der frühen 60er Jahre, der Rekord L mit seinen kleinen Kronen machte aus jedem Besitzer einen (kleinen) König.

Der Nachbar sah auf den ersten Blick: Dieser Mann leistet sich nicht »nur« einen Opel Rekord, sondern sogar einen Rekord L. Das L-Paket war für den Zwei- und Viertürer verfügbar, die meisten Kunden orderten vier Türen. Es gab eine Opel-Studie eines Luxus-Caravan, der nicht in Serie ging. Er trug die L-Ausstattung und eine Zweifarbenlackierung. In Europa war die Zeit dafür noch nicht reif. Der Antrieb des Rekord L war derselbe, etwas höher verdichtete 1,7-Liter-S-Motor wie im Coupé mit 60 statt 55 PS, kombiniert mit dem Viergang-Getriebe. Die anderen Rekord P II konnten nach wie vor mit Dreigang-Getriebe bestellt werden, optional mit Olymat, und der Käufer hatte auch die Wahl zwischen 1,5 (50 PS, nur mit Dreiganggetriebe kombinierbar) oder 1,7-Litern (55 PS). Hatte der Vorgänger noch ein manuelles Faltschiebedach aus Stoff, so war beim Rekord P II ein Stahlkurbeldach als Extra erhältlich.

Aus konstruktiver und praktischer Sicht war der Opel Rekord P II ein meilenweiter Fortschritt gegenüber dem Vorgänger: Man konnte ihn besser entern, die hinteren Türen hatte eine vernünftige Größe, der Öffnungswinkel aller Türen wurde um 15 Prozent vergrößert, die Glasfläche stieg um 12 Prozent, was bessere Rundumsicht bewirkte, die Innenraumdimensionen wuchsen bei gleichem Radstand und nur unwesentlich gestiegener Verkehrsfläche, auch das Kofferraumvolumen und die Zuladung konnten vergrößert werden. Das einzige, was nicht wuchs, war der Preis. Anders als beim Vorgänger war auch die Chassiskonstruktion mit Längs- und Querträgern, an denen Motor und Achsen befestigt waren.

Der Fuß ruht aus: Olymat, Taunomatic oder Hycomat

Eine interessante Sache war der Olymat, eine Art automatisches Getriebe, konstruiert unter dem Namen Saxomat bei Fichtel & Sachs in Schweinfurt. Einfach gesagt ist der Saxomat eine Halbautomatik, bei welcher der Kupplungsfuß Ruhe hat, der Fahrer aber nach wie vor manuell schaltet. Der Saxomat arbeitet mit einer Kupplungskombination, bestehend aus einer Fliehkraftkupplung und einer konzentrisch innerhalb dieser untergebrachten Einscheiben-Trennkupplung. Die Fliehkraftkupplung kuppelt bei Überschreiten der Leerlaufdrehzahl allmählich ein und setzt das Fahrzeug in Gang; zum Stoppen kuppelt sie selbsttätig aus, sobald nach Gaswegnahme die Leerlaufdrehzahl wieder erreicht wird. Beim Schalten während des Fahrens wird die Trennkupplung durch einen unterdruckgesteuerten Servomotor automatisch betätigt. Beim Opel ließ sich der Olymat nur mit dem Dreiganggetriebe kombinieren. Der Saxomat ist also eine Etappe auf dem Weg vom Schalt- zum Automatikgetriebe. Er hatte unterschiedliche Namen, je nach dem, in welchem Fabrikat er eingebaut war. Opel nannte ihn Olymat, Ford Taunomatic, in der DDR im Wartburg und Trabant hieß das System Hycomat.

Vom Vorgänger erbte der P II Caravan die schräg nach vorne gestellten Fensterpfosten. Beim P I korrespondierten sie mit dem vorderen Panoramafenster, am Kapitän P 2,6 hinter der Hebebühne gut zu sehen. Beim P II Caravan hingegen waren die vorderen Seitenscheiben trapezförmig, die hinteren behielten die Form des Parallelogramms.

So war der Opel Rekord P II also ein rundum vernünftiges Auto. Dass er keine Begeisterungsstürme hervorrief, mag Opel missfallen haben. Aber er war eben nicht modisch und somit recht langlebig. Noch Ende des Jahrzehnts erzielte er ordentliche Preise auf dem Gebrauchtwagenmarkt. Doch viele Opel Rekord P II erlebten dieses Ende des Jahrzehnts gar nicht. Die Rostvorsorge war damals, nicht nur bei Opel, sondern bei allen Herstellern, schlecht, und die Kommunen streuten im Winter Unmengen von Salz. Man sagt, dass die im schweizerischen Montagewerk Biel zusammengebauten Opel Rekord langlebiger und von besserer Verarbeitungsqualität gewesen seien.

Als Limousine wurde der Rekord PII von August 1960 bis Februar 1963 insgesamt 556.691 Mal gebaut (darunter 18.088 meist viertürige Rekord L), das Coupé lief 33.816 Mal vom Band, vom Caravan gab es 165.144 Stück, vom Lieferwagen 32.026 Exemplare. Autenrieth schuf wenige Cabriolets (in der Szene spricht man von 20 Exemplaren, von denen acht überlebt haben sollen).

Caravan mit Braunschweiger Kennzeichen im Würzburger Straßenverkehr mit Käfern, VW Bulli und seltenem Hansa 1100 Coupé. Auch bei gewerblich genutzten Wagen ging der Trend zum 1700er. Schön zu sehen der geschwungene Heckschriftzug, bei dem Opel das mittlere »A« groß schrieb. Der Heckklappengriff ist, ganz dem Stil der Zeit entsprechend, mit drei Krönchen geschmückt.

Weiterhin gab es eine Lieferwagenvariante, hier als Straßenwachtfahrzeug vor dem ADAC Touring-Hotel in Köln. Das war aber kein normaler »Gelber Engel«, denn ab 1963 stellte der ADAC seine Straßenwachtflotte von Beiwagen-Motorrädern auf Volkswagen um.

Ein von Miesen in Bonn zum Krankenwagen konvertierter P II Caravan. In Westdeutschland gab es solche Fahrzeuge selten, allenfalls von privaten Hilfsorganisationen. Die großen Rettungsdienste votierten eher für den Kapitän (oder einen Mercedes), der Länge wegen. Um im Rekord Caravan eine Trage zu installieren, musste der Beifahrersitz weichen.

Zu Land und in der Luft: Granitgrauer Rekord P II 1700 und eine Piper J3C Cup mit der Kennung D-EKKA, die damals schon ein alter Flieger war (gebaut 1938 bis 1947). Erstzulassung in Deutschland 1961 auf den Kölner Klub für Luftsport, davor flog sie in der Schweiz.

Der Solitär: Opel Rekord P II

Der gute Erfolg des 7.935 D-Mark teuren Rekord L (Standard-Rekord 6.385 D-Mark) wies in die Zukunft: Mittelklassewagen sollten künftig kleine Luxusfahrzeuge sein, der Kunde war bereit, für Komfort mehr Geld auszugeben. Die finanzielle Spannbreite der Palette war groß. Ab Juni 1962 kostete der 1,5-Liter-Zweitürer 6640 D-Mark, das edle Coupé kam auf 7770 D-Mark. Der Viertürer kostete 480 Mark mehr als der Zweitürer, das Luxuspaket machte ihn 740 Mark teurer. Abgehoben war der Preis für das Autenrieth-Cabriolet mit 11.635 D-Mark. Dafür bekam man auch einen Kapitän L.

Lustvolles samstagnachmittägliches Autowaschen: Der Wagen ist in Dudenhofen zugelassen, wo Opel seit 1966 sein großes Testgelände unterhält, rund 50 Kilometer von Rüsselsheim entfernt. Der erste Spatenstich im dortigen Rodgauer Forst erfolgte 1964, und in diesem Jahr wurde das Foto aufgenommen.

Viertürer mit Radzierringen in Royalblau mit Dach in Chamonixweiß, der Monzarote Wagen im Hintergrund ist sein Nachfolger, ein Rekord A Caravan. Der Blaue ist ein spätes Exemplar, bereits mit orangefarben eingefärbten Blinkergläsern.

Die Nische wird ab Fließband bedient: das Coupé

Immer mehr Nischen beanspruchten die Großen für sich. Sie gehorchten dem Diktat der Kunden. Nicht mehr Opel bestimmte, was für einen Rekord der Käufer bekam, sondern dieser verlangte seinen Individual-Rekord, und Rüsselsheim gehorchte. Gab es den Vorgänger zunächst lediglich als Zweitürer, Caravan und Lieferwagen, und schließlich als Viertürer, so fuhr Opel mit dem Rekord P II eine vollständige Palette an: Limousine zwei- und viertürig, Caravan und Lieferwagen sowie, ganz neu, ein Coupé. Es lag im Trend der 60er Jahre, immer mehr Karosserievarianten anzubieten, und parallel dazu vollzog sich der Niedergang der Karosseriebauzunft, die zuvor für Individualaufbauten zuständig gewesen war. Dieser Trend kulminierte am Ende des Jahrzehnts in der Modellexplosion des Kadett B, für den es acht (!) verschiedene Aufbauformen gab.

Im Opel-Programm war das Coupé, eine Kreation für Liebhaber, neu, und die Linienführung zeigte sich etwas fragwürdig. Über den unveränderten Unterbau setzten die Designer einen niedrigen, verkürzten Pavillon. Das wirkte nicht nur unharmonisch, sondern verlangte vom Käufer auch, sich für rund 1000 D-Mark Aufpreis mit einem deutlich kleineren Innenraum mit hinteren Notsitzen zu begnügen. Immerhin war der Stauraum unverhältnismäßig gewachsen. Eine Zweifarbenlackierung kaschierte diesen Stilbruch etwas, doch Spötter bezeichneten das Coupé als »rasenden Kofferraum«. Autenrieth hatte durch das Coupé eine gute Ausgangsbasis für sein Cabriolet. Das Darmstädter Karosseriewerk, bis dahin zuständig für und spezialisiert auf Coupés und Cabriolets auf Opel-Basis, verlor durch das Werks-Coupé zwar nicht seine Daseinsberechtigung, aber es war der Anfang vom Ende. Autenrieth offerierte ein Rekord P II Cabriolet, aber das bereits fertig entwickelte Autenrieth-Coupé wurde vom Fließband-Rivalen quasi überrollt. 1964 musste der Karosseriebauer nach 43 Jahren Existenz seine Pforten schließen.

Das Opel Rekord P II Coupé war der erste Opel, der serienmäßig in Metallicfarben lackiert war (und auch hier reagierte Opel lediglich auf einen Trend, der bereits Mitte der 50er Jahre einsetzte). Die Farben und

Das Coupé war eine Liebhaberangelegenheit, die nun werksseitig das Programm bereichert. Es sprach eine neue Klientel an. Das Coupé hatte zwar Alltagsqualitäten wie jeder Rekord, stach aber aus der Masse hervor. Ein perfekter Grand Routier für zwei. Präsentation auf der IAA 1961 nebst türkisfarbenem Kapitän P 2,6, ein Wagen Chamonixweiß, der andere Rubin, jeweils mit schwarzem Dach.

Kombinationen des Coupés: Platasilber einfarbig oder kombiniert mit den drei Dachfarben Schwarz, Ozeangrün, Bavariablau; wer kein Metallic wollte, bekam den Wagen in Chamonixweiß einfarbig oder mit denselben Dachfarben. Ohne Kombinationsmöglichkeiten stand als dritte Farbe Rubin mit schwarzem Dach zur Verfügung. Wahl zwischen Stoff- oder Kunstlederpolstern, stets vordere Einzel-Liegesitze.

Die nächste Stufe der Präsentation erfolgte dann im Ausstellungsraum der Händler.

Aus keiner Perspektive als dem Profil ist deutlicher, weshalb das Coupé den Spitznamen »rasender Kofferraum« bekam. Auf dem Prospekttitelblatt vom Juni 1961 überzeichnete Opel diese Eigenheit auch noch. Der Graphiker Hans Jung imitiert das Weitwinkelobjektiv der Kamera und verlängert Front- und Heckpartie.

Zwar wurde der Rekord P II wie sein Vorgänger über die Buick-Händlerorganisation in den USA verbreitet und das Foto macht einen sehr amerikanischen Eindruck. Aber es stammt nicht aus den USA, sondern aus »Klein-Amerika«, von einem Parkplatz in einer US Housing Area in Westdeutschland. Der Wagen gehört einem US-Besatzungssoldaten. Rechts im Bild ist sein Nachfolger zu sehen, ebenfalls als Coupé, dazwischen ein einfach ausgestatteter '63 Rambler Classic.

Eine herrliche Straßenszene in Prag. Prominent im Vordergrund ein schwarzer, viertüriger Rekord P II mit einheimischem Kennzeichen. Er verdeckt einen ebenfalls schwarzen Tatra T-603, im Vordergrund ein Škoda 1000 MB, noch mit Panoramaheckscheibe, aber schon mit geglätteten Lufteinlässen.

Eine kleine Unpässlichkeit am Rekord P II, die elegante Dame weiß sich nicht zu helfen oder will sich nicht zu helfen wissen. Es muss nicht der ADAC sein, der kommt. Es kann auch der AvD sein. Die Dame ist Mitglied im AvD, die Plakette am leicht verbeulten Kühlergrill belegt es.

Alle hell lackiert, alle mit offener Haube, alle in der Opel-Werkstatt zu Gast: Die Drei waren Zeitgenossen im Verkehr, aber sie liefen nur neun Monate lang gleichzeitig vom Band, nämlich zwischen Juni 1962, als der Kadett A erschien, und Februar 1963, als der Rekord P II entschlief.

Kapitel 6

Ein großes Auto für große Leute mit großem Platzbedarf: Mit seiner flächigen Karosserie und dem schnörkellosen Äußeren traf der Opel Rekord A den Geschmack der 60er Jahre. Im März 1963 landete Opel einen Überraschungscoup und präsentierte, früher als erwartet, den Rekord A. Das Publikum war überrascht. Am meisten überrascht allerdings war der Kölner Mitbewerber, denn einen Nachfolger des Ford P3 (»Badewanne«) hatte der Erzrivale nicht parat.

Der Präsentationszeitpunkt im März ist auch sonst ungewöhnlich: Normalerweise gehen neue Modelle zum kommenden Modelljahr im Herbst des Vorjahres in Produktion. Doch Opel schaffte es, die ganzen Frühlingskäufe der Saison 1963 für den nagelneuen Rekord zu gewinnen. Der Opel Rekord A, innen und außen gewachsen, kratzte deutlich an der gehobenen Mittelklasse. Es ist erstaunlich, wie dieser Typ innerhalb von zehn Jahren zugenommen hat. Er wuchs, parallel zu den Ansprüchen und Ausmaßen des Publikums. Die Armut und Bescheidenheit der Nachkriegszeit war längst passé. Ein Opel Rekord sollte nicht nur praktisch und zuverlässig sein. Nein, er musste repräsentieren.

Neuwagenhalde 1965 in Rüsselsheim: lauter Rekord A und Große Opel. Logisch, denn die Kadetten warteten in Bochum auf ihre Auslieferung. Gut zu sehen der Unterschied zwischen dem Royalblauen Rekord L Viertürer im vollen Ornat und dem Chamonixweißen Grundmodell daneben. Was Farbe und Chrom doch ausmachen können!

Allmählich stellte Opel auf Werbung mit Fotos um, die Graphiken traten in den Hintergrund (nicht aber in den Opel-Prospekten). Nicht ohne Humor inszeniert, 1964 der Illustrierten »Bunte« entnommen. Spannend: das Kindertretauto von Ferbedo ist tatsächlich dem Mercedes 190 SL nachempfunden. Ein Bildretuscheur verpasste ihm allerdings ein Gesicht, das an den Rekord A erinnert.

Ein Nebeneinander von Plakat und Realität offenbart diese Aufnahme, im Hinterhof eines Opel-Händlers in Stuttgart-Fellbach geschossen.

Vorbild Chevrolet

In den USA hieß der neueste Schrei Chevrolet Chevy II. Sein Designer war Claire McKichan, der später, als Leiter des Rüsselsheimer Designstudios, für die Linien des Opel Rekord C verantwortlich zeichnen sollte. Der Chevy II ersetzte kein bestehendes Modell, sondern war der bis dato kleinste konventionelle Chevrolet. GM musste auf den ungeheuren Erfolg des amerikanischen Ford Falcon reagieren, was dem bestehenden Heckmotor-Auto Chevrolet Corvair nicht gelungen war. Der Falcon war als so genanntes Sub-Compact-Car vom Stapel gelassen worden, um den Amerikanern in der (für US-Verhältnisse) »kleinen« Klasse ein einheimisches Auto anbieten zu können. Die US-Autoindustrie litt unter europäischen Importen, welche diejenigen Kunden, die »vernünftige« Autos wollten, reihenweise an sich zogen. Claire McKichan schuf einen am Ford Falcon orientierten, klaren, nüchternen Karosseriekörper mit einer signifikanten Lichtkante an den Flanken. Unverkennbar standen die Sub-Compacts Pate bei der neuen Opel-Generation: Der Opel Rekord A und die Modellreihe Kapitän/Admiral/Diplomat A sprechen dieselbe Formensprache wie der Chevy II – wobei der große Opel auch ungefähr dieselben Ausmaße wie der kleine Chevrolet besitzt, während der Rekord A quasi seine Schrumpfausführung ist. Der Rekord erschien im März 1963, der große Opel elf Monate später im Februar 1964. Auch wenn mit dem nächsten Modellwechsel dann das Chevy-II-Design bei Opel wieder passé war: Mitte der 60er Jahre bestimmte es die Opel-Palette und traf den Publikumsgeschmack hervorragend. Der Opel Rekord A stellte die alte Ordnung wieder her und eroberte Platz 2 der deutschen Zulassungsstatistik zurück. Das war intern seine wichtigste Aufgabe und diese meisterte er mit Bravour.

Der Deutschen liebstes Urlaubsziel in den 60ern: der Gardasee. Hier Torbole am nördlichen Gardasee, direkt an der Küstenstraße Gardesana Orientale, ein zweitüriger, Alaskagrauer Opel Rekord A in Luxusausstattung mit viel Chromschmuck.

Tankszene während des Urlaubs: In Italien gab es nicht nur Agip, sondern auch Esso, sogar mit Bedienung. Bezahlt wurde mit Tankgutscheinen, so genannten Coupons, die man in Deutschland beim ADAC erwarb und die den teuren Benzinpreis in Italien erträglich machten.

Das Coupé war nun deutlich harmonischer gezeichnet als bei der Vorgängergeneration. Wohl war der Karosserieunterbau weiterhin identisch mit dem der Zweitürer-Limousine, aber den Pavillon zeichneten die Rüsselsheimer Designer (das durften sie immerhin!) weit eleganter, niedriger und stellten die Fensterpfosten schräger (Höhe 1418 statt 1440 mm). Das Rekord A Coupé profitierte von einer völlig neuen Seitenlinie, weil der seitliche, hintere Fensterausschnitt sehr ungewöhnlich gezeichnet ist. Die Oberkante läuft zwar nach hinten unten aus, aber nur bis zur Dreiviertel-Position. Dort trifft sie sich mit der nach oben gezogenen Fensterunterkante, und der Mündungsbereich ist eine Spitze, also gepfeilt. Das war das erste, Opel-eigene Coupé-Dach, das diesen Namen verdient, nämlich als eigenständige Lösung.

Ein großes Auto für große Leute: Opel Rekord A

Ein ausgesprochenes Damenfahrzeug. Dieses Exemplar trägt Talbot-Zusatzspiegel und Stoßstangenhörner. Die Gießkanne in der Hand lässt zwei Schlüsse zu: Auf dem Weg in den Garten oder zur Grabpflege.

Und das gilt international. In Frankreich war das Rekord Coupé die Alternative zum Peugeot 404 Coupé. Aber das hatte immerhin eine von Pininfarina geschneiderte Karosserie.

Von vorne, wo sich Limousine und Coupé am ehesten gleichen, fällt der niedrigere Dachpavillon besonders ins Auge. Buntes Treiben im Fahrerlager der Stuttgarter Solitude-Rennstrecke am 18. Juli 1965, das Coupé mit zwei sportlichen Zusatzaußenspiegeln versehen. Im Hintergrund steht ein Renntransporter mit Aufschrift »Sellers Racing Ltd.«. Dieser Rennstall gehörte wirklich dem autorennsportbegeisterten Filmschauspieler Peter Sellers.

Wer sagt's denn: ein Damenfahrzeug eben. Todschick, die Lady und das Auto.

Kaum technische Fortschritte

Unterm Blech gab es beim Rekord A nur Feinarbeiten: Gesteigerte Leistung und besserer Drehmomentverlauf dank neuem Vergaser und Zwillingsauspuffanlage, weniger Dröhngeräusche durch eine zweiteilige Kardanwelle, überarbeitete Vorderachsaufhängung (Einzelradaufhängung an Doppelquerlenkern mit Schraubenfedern, Opel sprach von der »Zugstreben-Vorderradaufhängung«). Das Viergang-Getriebe hatte seinen Schalthebel nun auf dem Kardantunnel. Die Lenkradschaltung, zehn Jahre zuvor der letzte Schrei, war nun eine Mode von gestern, sie blieb aber optional weiterhin erhältlich und nur sie konnte mit dem Olymat kombiniert werden. »Four on the floor«, anglizierten die Deutschen, und jeder Rekord-Chauffeur fühlte sich wie ein Rennfahrer, wenn er den Schaltknüppel mit der rechten Faust umfasste und die vier Gänge durch das H-Schema riss. Blickte der Fahrer nach rechts auf den Handschuhfachdeckel, so las er, wie beim Vorgänger, nach wie vor den Schriftzug »Olympia«. Das L-Paket offerierte Opel nur für die Viertürer-Limousine mit 1,7 Litern, das Coupé trug es serienmäßig. Neben den üblichen Nettigkeiten umfasste es Vierganggetriebe, vordere Einzelsitze mit Liegestellung, feineren Zwirn im Inneren, abblendbarer Innenspiegel, Rückfahrscheinwerfer und Zusatzchrom: Radzierringe, Radlaufchromleisten, entsprechender Heckschriftzug. Stets aufpreispflichtig waren Weißwandreifen, Zweifarbenlackierung, Stahlschiebedach, Verbundglaswindschutzscheibe, Nebelscheinwerfer.

Am meisten Ausstattung, am meisten Einstiegsmöglichkeiten: viertüriger Rekord L. Und endlich der Tankeinfüllstutzen nicht mehr im Einzugsfeld eines Heckaufpralls, sondern rechts hinten. Die meisten Rekord A waren Chamonixweiß (Bild), Karamelbeige oder Alaskagrau – gleich hell, kaum Unterschiede.

Mut zur Farbe: Viertüriger Rekord L in Monzarot mit Dach in Chamonixweiß auf dem Weg in den Winterurlaub gen Süden.

Was dem großen Mercedes steht, wertet auch einen Rekord auf. Nach diesem Grundsatz bot ein Zubehörhersteller doppelte Stoßstangen vorne und hinten für den Rekord A an (auch für den Kadett A). Manche Kunden teilten diese Ansicht. Der Wagen in Monzarot mit schwarzem Dach.

Ein großes Auto für große Leute: Opel Rekord A

Nicht alles am neuen Rekord kam bei den Fachleuten gut an: Die schmale hintere Spur wollte nicht zur ausladenden Karosserie passen, die harte Federung nicht zur Wagenklasse (Opel bot sogar nochmals verstärkte Hinterachsfedern als Extra an) und vordere Scheibenbremsen in Verbindung mit Zweikreisbremsanlage kosteten Aufpreis (Serie beim Sechszylinder, hier sogar mit Bremskraftverstärker). Mit der Motorleistung holte Opel immerhin gegenüber der Konkurrenz auf. Der 1500er brachte es auf 55, der 1700er auf 60 PS, mit dem 1,7-Liter-S-Motor kam der Mittelklässler auf 67 PS und schaffte Tempo 140. Zunächst bot Opel ab März 1963 die zwei- und viertürige Limousine an, im Mai und Juni folgten Caravan und Lieferwagen, im August der Rekord L und im September das Coupé. Mit dem 1,7-Liter-S-Motor, der auch den Rekord L antrieb, war es 144 km/h schnell und spurtete in 17 Sekunden auf Tempo 100, das waren sechs Sekunden weniger als ein Rekord 1500 brauchte. Zum richtig schnellen Wagen wurde der Rekord A durch Implantation des 2,6-Liter-Sechszylinders inklusive Getriebe und Hinterachse aus dem Kapitän (Spitzname »Rekortän«). 100 PS beflügelten den Rekord L-6 und das Coupé-6, gut für 168 km/h und einen 13-Sekunden-Spurt auf Tempo 100 (Coupé). Die verstärkte Bremsanlage und serienmäßig aufgezogene Gürtelreifen auf 14- statt 13-Zoll-Felgen zollten der Leistung Tribut, und der »Rekortän« war der erste Opel mit 12-Volt-Elektrik. Die 100-PS-Version kostete 1300 D-Mark Aufpreis gegenüber dem 1700er. Wer noch mehr Geld ausgeben wollte, gönnte sich – gegen satten Aufpreis – das Cabriolet von Karl Deutsch in Köln. Vom Rekord A gab es Cabriolets von drei Karosseriebauern, nicht nur von Deutsch. Autenrieth in Darmstadt baute wenige Cabriolimousinen. Sie waren die letzten Arbeiten, bevor der Traditionsbetrieb 1964 seine Pforten schloss. Der dritte Betrieb war die Firma Welsch in Mayen. Ihr Umbau war kein Cabriolet im eigentlichen Sinne, sondern eher ein Roadster. Denn der offene Mayen-Rekord trug ein ganz dünnes Segeltuch-Verdeck, kein gefüttertes wie die Deutsch-Kreation. Ansonsten sahen beide Fahrzeuge weitgehend gleich aus. Der Welsch-Umbau war

Selbst der Caravan tendierte zum 1700er, und der Schriftzug zeugt davon. Kleines Malheur, der Allianz-Sachverständige begutachtet den Schaden, bevor ihn der freundliche Opel-Händler reparieren darf.

preiswerter als derjenige von Deutsch, aber das Welsch-Verdeck taugte wirklich nur bei einem kleinen Schauer im Sommer. Kältetauglich war der Welsch-Rekord wahrlich nicht. Man saß quasi stets im Freien. Welsch-Cabriolets gab es nur bei Welsch, Deutsch-Cabriolets wurden über das Opel-Händlernetz vertrieben.

Bis Herbst 1963 hatte der Opel Rekord A leichtes Spiel mit dem Taunus 17m P3. Dann folgte dessen Nachfolger, der Ford P5, mit Respekt einflößend breiter Spur, die Karosserie im Stile der »Badewanne«, aber in jeder Hinsicht gewachsen. Nun hatte auch Ford einen durchzugsstarken Sechszylinder im Angebot (2 Liter mit 90 PS im 20m/TS), und der Sechszylinder-Rekord spielte mit 12.613 verkauften Exemplaren kaum eine Rolle.

Der Rekord A, gegenüber dem P II rundum gewachsen, läutete die Tendenz ein, dass Autos von Typreihe zu Typreihe immer mehr wuchsen. Das wollten die Käufer und das war der Trend der Zeit: Große Autos für große Menschen, Platz für eine Familie mit Gepäck und eine Motorleistung, die das deutlich zugenommene Gewicht zügig bewegt.

Die holländische Firma Kemper en Van Twist Diesel N.V. stattete den Rekord A mit einem 48 PS starken 1,6-Liter-Perkins-Dieselmotor aus und montierte das Perkins-Abzeichen an den Kühlergrill. Dieser Motor war auch im gleichzeitigen Ford Taunus 17m zu haben. Kunden waren hauptsächlich Taxifahrer.

Das Preisspektrum beim Opel Rekord A war groß. Im Jahre 1964 kostete der preiswerteste 1,5-Liter-Zweitürer 6.830 D-Mark, das Cabriolet als Sechszylinder mit 2,2 Litern Hubraum kam auf 13.060 DM und war damit ziemlich genau doppelt so teuer. 4- statt 3-Gang-Getriebe kostete 180 DM Aufpreis, vordere Scheibenbremsen schlugen mit 200 DM zu Buche.

Die Hessen kauften aus Loyalitätsgründen natürlich Opel für ihre Polizei. Andere taten es auch, aber die Hessen ganz besonders. Tannengrüner Wagen mit weißen Kotflügeln, Lautsprecher, Blaulicht und Funkantenne.

Lieferwagen dreier Rekord-Generationen in Diensten von Oertli: Rekord A, B und C. Oertli verdiente sein Geld mit Ölöfen. Walter Oertli importierte ab 1930 amerikanische Ölbrenner in die Schweiz, produzierte sie seit 1934 selber in Lizenz und vertrieb sie in ganz Europa. Anfang der 50er Jahre expandierte Oertli nach Deutschland.

Rekord A mit Helfersyndrom: Krankenwagen mit Miesen-Karosserie bei einer DRK-Schulung in Delbrück 1965.

Die eleganteste Form, einen Opel Rekord A zu fahren: das Deutsch-Cabriolet. Durch die ohnehin schon flächige Form wirkt der dachlose Rekord noch größer und ausladender, der Heckbereich erscheint wegen des kurzen Innenraumes sehr lang, jedoch der originale Kofferraumdeckel blieb erhalten. Deutsch nahm als Umbau-Basis die Zweitürerlimousine, nicht das Coupé.

Die Kondom-Affaire

Das »A« ist zwar der erste Buchstabe im Alphabet und somit logisch als Anfangsbezeichnung für eine geplante Reihe. Doch bei Opel folgte der Rekord A auf den Rekord P II. Ursprünglich hätte er nicht Rekord A heißen sollen, sondern Rekord R 3. In den Zulassungspapieren der ersten Fahrzeuge ist diese Bezeichnung auch enthalten (»Olympia-Rekord-R-3«). Doch Opel änderte sie sehr schnell in Rekord A und auch in der Werbung wurde das »Gütesiegel R3« relativ schnell über Bord geworfen. Warum? Schon damals gab es Kondome der Marke R3 (damals sagte man noch »Präservativ«). Opel wollte aus verständlichen Gründen einen Zusammenhang zum eigenen Produkt vermeiden. Denn in den 60ern war ein Kondom anrüchig.

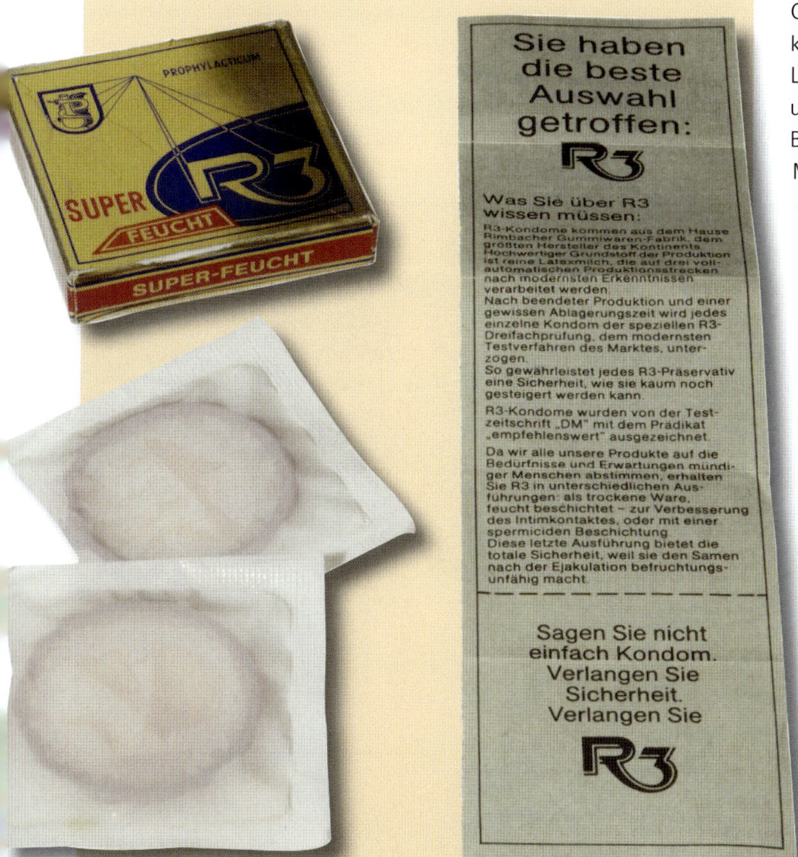

»Sie haben die beste Auswahl getroffen«: R3 Super Feucht-Kondome aus den frühen 60er Jahren. Opel wollte schlüpfrige Vergleiche zwischen bürgerlichen Rekord-Käufern und vermeintlich sittenlosen Kondom-Benutzern vermeiden.

Ein Opel aus Köln: Cabriolets von Deutsch

Ein Opel Rekord Cabriolet vom Karosseriebauer! Aus heutiger Sicht eine absolute Rarität, ein Hingucker auf jedem Alt-Opel-Treffen, eine Pretiose in der Sammlung. Von den einzelnen Typen wurden in den 60er Jahren jeweils ein paar Hände voll gebaut, und die Zahl derer, die überlebt haben, mag an zwei Händen abzuzählen sein. Ein Rekord Cabriolet mit Aufbau des Kölner Karosseriebauers Karl Deutsch, egal ob Rekord A, B oder C, ist für den Enthusiasten heute so ziemlich das Erstrebenswerteste.

Aber damals, in den 60er Jahren? Warum erwarb ein Kunde einen offenen Opel Rekord? Ob offen oder nicht, ein Rekord blieb ein Rekord. Ein zwar hervorragendes, aber eben auch ein durchschnittliches Auto. Die Coupé-Varianten hatten eine gewisse Noblesse, blieben aber auch Rekorde. Die Cabriolets waren sündhaft teuer. Um aus einer zweitürigen Limousine ein 2+2-sitziges Cabriolet zu schneidern, verlangte Deutsch ungefähr denselben Preis, den ein nackt ausgestatteter Kadett kostete. Beim Rekord A betrug der Umbaupreis 3750 D-Mark. Dennoch war der Markt da, sonst hätte Deutsch nicht die Flex angesetzt und die Rekorde enthauptet.

Die automobilen Verhältnisse waren damals anders. Die Käufer dachten konservativer. »Opel – der Zuverlässige« war ein Begriff, und oftmals blieben die Kunden ein Leben lang nicht nur ihrer Marke, sondern sogar ihrem Autohaus treu. Für Marke wie für Autohaus galt: Man kennt sich, man mag sich, und scheiden tut weh. Wer es sich leisten konnte und der lieben Frau Gemahlin ein schickes Cabriolet schenken wollte, das sowohl die galante Fahrerin als auch den Schenker schmückt, der konnte zum Mercedes-Händler gehen. Mercedes hatte stets etwas Offenes im Programm, sogar viersitzig und nicht zu sportlich – genau das Richtige eben. Aber für so manchen zu teuer. Das war ein Aspekt, denn man zahlte bar und kaufte nicht auf Pump. Also doch ein offener Opel!

Doch dann waren da noch die hübschen Importwagen, englische Roadster, italienische Spider, und auch die Franzosen hatten charmante Cabriolets anzubieten – gerade Peugeot spezialisierte sich auf offene Wagen, die eher damenhaft und nicht zu sportlich waren (Peugeot 403 und 404 Cabriolet mit schönen Pininfarina-Karosserien). Das wären Alternativen gewesen. Aber der deutsche Kunde in den 60er Jahren war den »Ausländern« gegenüber skeptisch. Nicht vergessen darf man, dass damals etliche ausländische Marken, die heute das Straßenbild beherrschen, noch nicht mal über einen offiziellen Werksimporteur nach Deutschland gebracht wurden. Gerade Peugeot wurde sehr lange von freien Importeuren nach Deutschland eingeführt, bis sich eine Werksniederlassung rentierte. Das Servicenetz war nicht flächendeckend, und die vom Französischen holperig übersetzte Bedienungsanleitung war dem ebenso konservativen wie wohlhabenden Deutschen eher ein Dorn im Auge als eine Hilfe. Deshalb doch lieber ein Opel-Cabriolet!

Wer es in den 60ern zu genügend Geld gebracht hatte, um sich einen vom Karosseriebauer realisierten, offenen Opel leisten zu können, hatte meist die Hochphase der Spezialfahrzeuge noch erlebt, die 30er Jahre. Damals gehörte es sowohl zum guten Ton als auch zum Individualismus-Bekenntnis, einen spezialkarossierten Wagen zu fahren. Qualitätsmängel waren kein Thema, es ging um bewährte, gute und deutsche Wertarbeit. Noch in den 60er Jahren war diese deutsche Wertarbeit bezahlbar, wenn auch teuer. Man arbeitete viel, man verdiente viel, man gab viel aus, man hatte das Wirtschaftswunder hinter sich. Gleichsam waren die Lohnkosten und die Lohnnebenkosten noch im Rahmen. So erwarb also der Fabrikbesitzer mit Mercedes-Erstwagen oder der leitende Angestellte mit Opel Kapitän für die charmante Gattin ein Opel Rekord Cabriolet, und wenn es in den Urlaub an die Côte d'Azur oder an die Riviera ging, so setzte er sich auch mal selbst ans Steuer und ließ den Fahrtwind durch seine grau melierten Haare streichen. Die Wartung des guten Stücks übernahm kein zweifelhafter Hinterhofschrauber, sondern das seriöse Opel-Autohaus. Und von dort stammte das Rekord Cabriolet auch. Man musste nicht nach Köln-Braunsfeld zu Deutsch, um ein Opel Rekord Cabriolet zu erwerben. Der freundliche Opel-Händler seines Vertrauens stellte es unserem Herrn vor die Türe. Und Frau Gemahlin fiel ihm um den Hals.

Zu den bedeutenden, sehr frühen Karosseriebauern gehört J. W. Utermöhle in Köln. Das ist jener, der im Jahre 1900 den ersten je gebauten Horch eingekleidet hatte. Zu dieser Zeit stieß Karl Deutsch, 1881 als Sohn eines Trierer Wagenbauers geboren, zu Utermöhle, übernahm 1913 den Betrieb, machte sich selbständig und benannte das Geschäft um in Westdeutsches Karosseriewerk. 1916 gründete er die Karl Deutsch GmbH, die auf einem 30.000 Quadratmeter großen Gelände in Köln-Braunsfeld residierte. Während des Ersten Weltkrieges produzierten die Kölner hauptsächlich Armeeanhänger, danach Karosserien für Fahrzeuge verschiedener Hersteller.

Ende der 20er Jahre kam es zu einer Liaison mit dem 1927 eröffneten Citroën-Montagewerk in Köln-Poll. Deren Geschäft boomte, wovon die Braunsfelder Karosseriefirma profitierte. Durch den Bau des Kölner

Opel Rekord B Cabriolet mit Deutsch-Karosserie: Gegenüber dem Rekord A höhere Ladekante, dafür vier schmucke Rückleuchten. Ein kleiner Ferrari eben...

Deutsch ließ von seinen Kreationen Werksfotos anfertigen, verteilte sie an die Fachpresse und benutzte sie für Werbung. Diese Annonce ist der »Auto Motor und Sport« vom Januar 1967 entnommen.

Schon ziemlich verwohnt und verschlissen. Rekord C Cabriolet mit Talbot-Außenspiegeln und Commodore-Grill, fehlender Vorderstoßstange und ziemlich chromlos. Eine zeitgenössische Alltagssichtung auf der Straße, eine ziemlich einmalige Aufnahme.

Solch ein Wagen war tatsächlich eine seltene Begegnung. Lange, bevor es Car Spotter gab, pflegten autoaffine Menschen besondere Fahrzeuge zu fotografieren. Zum Glück für die Nachgeborenen! Rekord C Deutsch-Cabriolet, friedlich parkend zwischen Škoda 1000 MB, Fiat 850 Berlina und Ford Taunus 12m P4.

Ford-Werkes im benachbarten Köln-Niehl entwickelte sich dann eine besondere Affinität zum Ford-Konzern, 1932 entstand der erste Ford mit Deutsch-Karosserie. Bis zu 30 Ford-Karosserien verließen täglich die Braunsfelder Hallen. Auch eines der schönsten Opel-Modelle jener Zeit wurde in Köln eingekleidet, der Opel Moonlight Roadster auf Chassis des 1,8 Liter aus den Jahren 1932/33. Das war die erste Berührung zwischen Deutsch und Opel, und in den 60er Jahren sollte daraus eine enge Zusammenarbeit entstehen. Nach 1945 fanden sich schnell wieder betuchte Kunden, die sich ein exklusives Cabriolet leisten konnten, aber die Stückzahlen hielten sich in Grenzen. Mit der Heraufkunft der selbst tragenden Karosserien mussten die Karosseriebauer umlernen, denn eine solche Konstruktion büßt durch das abgetrennte Dach viel von ihrer Festigkeit ein. Mit zusätzlichen Blechteilen versuchte Deutsch dies auszugleichen – etwa durch verstärkte Schwellerbleche oder die so genannte Konsolenverstärkung, bei der ein quer verlaufendes Stahlrohr sowohl mit dem Armaturenbrett als auch, mittels solider Streben, mit dem Kardantunnel zu einer Einheit verschweißt wurde. Ab 1957 präsentierten sich alle in Kleinserie gebauten Deutsch-Cabrios nicht mehr als Viersitzer, sondern als 2+2-Sitzer ohne hintere Seitenscheiben. Das hatte mehrere Ursachen: Kostengründe, weil es sportlicher aussah und weil die 2+2-sitzige Karosserie mehr Stabilität versprach. Deutsch war mittlerweile der Haus- und Hof-Cabriolieferant für Borgward und Ford. Durch den Konkurs der Borgward-Werke 1961 fiel natürlich ein wichtiger Karosserielieferant und mit ihm ein wohlhabender Kundenkreis weg. Opel hatte seinen eigenen Partner für Cabriolets, die Firma Autenrieth in Darmstadt. Zu Rekord-A-Zeiten ging sie Konkurs, ihre letzte Arbeit war eine kleine Serie an Rekord A Cabriolimousinen. Opel wandte sich Deutsch zu. Die werksseitig angebotenen Opel-Cabriolets kamen ab 1964 von Deutsch: Rekord A, Rekord B, Rekord C, Commodore A und in kleinsten Mengen Kadett B. Doch mittlerweile wehte ein scharfer Wind in Köln-Braunsfeld: Cabriolets befanden sich auf dem Rückzug. Die vom amerikanischen Verbraucheranwalt Ralph Nader angestoßene Sicherheitsdiskussion (sein Buch »Unsafe at any Speed« erschien 1965) betraf auch Cabriolets und bedingte, zunächst in den USA, ein Umdenken. In der Folge produzierten US-Autobauer zehn Jahre lang keine offenen Wagen mehr, und importierte Cabriolets konnten kaum mehr in den USA zugelassen werden. Diese Sicherheitsdiskussion schwappte auch nach Europa über. Sie machte den Cabriolets und den Karosseriebauern (fast) den Garaus. 1972 kam das Aus für Karl Deutsch, ein Ford Capri war das letzte Cabriolet mit Deutsch-Karosserie. Die Gründe waren zum einen die zunehmend unwirtschaftlichen Umbauten in Handarbeit, andererseits die anhaltende Sicherheitsdebatte. Die Karl Deutsch GmbH bestand zwar weiter, betätigte sich aber ab 1972 ausschließlich als Immobilien-Verwaltungsgesellschaft.

Das Rekord C Cabriolet mit Deutsch-Karosserie entstand in Kleinstserie, aber immerhin in Serie. Der weiße Wagen ist von Deutsch. Der Gelbe auf Commodore-A-Basis hingegen ist ein Karmann-Cabriolet, und das waren lediglich Prototypen.

Eine hinreißende Linienführung, ein begehrenswertes Fahrzeug, eine absolute Rarität und obendrein in einem herrlichen Restaurierungszustand: Commodore GS Cabriolet, daneben ein Ford Taunus 17m P3 Cabriolet, ebenfalls von Deutsch karossiert.

Kapitel 7

Auf A folgt B, auf Rekord A Rekord B. Doch wie weit der Schritt von A nach B ist, scheint eine Definitionsfrage zu sein. Opel hat seinen Fahrzeugen schon eine viel weiter reichende Überarbeitung gegönnt, als dies beim Rekord B in Bezug auf den Rekord A der Fall war, ohne dafür einen neuen Buchstaben einzuführen – man denke nur an die Modifikationen, die dem Omega B im Jahre 1999 zu Teil wurden, ohne dass daraus ein Omega C wurde. Dennoch: Der Opel Rekord B folgte dem Rekord A, und eigentlich handelte es sich dabei lediglich um eine vorne und hinten modifizierte Karosserie, verbunden mit der Einführung einer neuen Motorengeneration: Endlich war man in Rüsselsheim so weit, den 30 Jahre alten Standard-Opel-Motor zu erneuern.

Neues an Front und Heck – und unter der Haube

Den neu gestalteten Kühlergrill säumten nun zwei Breitband- statt der Rundscheinwerfer. Sie sahen nicht nur kraftvoll aus. Zusammen mit der neuen 12-Volt-Anlage ergaben sie auch eine wesentlich bessere Ausleuchtung der Straße. Das war wirklich ein konstruktiver Fortschritt! Als Rückschritt galt hingegen die Heckgestaltung, denn die Ladekante des Kofferraums war unverständlicherweise höher als beim Rekord A. Dafür brillierte der Neue mit doppelten, runden Rückleuchten. Und das hatte Symbolwert. Denn auf der IAA 1965 stand zwar der Rekord B, aber überschattet wurde seine Premiere vom viel diskutierten Opel Experimental-GT mit ebensolchen Rückleuchten, und dessen Heck weckte Assoziationen an die Rückansicht des Ferrari 250 GTO. Diese Rückleuchten, allerdings gepaart mit einem Abrissheck und dem Fastbackstil, erbten 1968 der Serien-GT und 1970 der Manta. Doch der Rekord B trug sie auch, wiewohl die doppelten runden Leuchten nicht so richtig mit der extrem eckig-kantigen Karosserielinie harmonierten. Der neue Caravan erhielt das Heck des Vorgängers.

Die konstruktiv nicht angetastete Hinterachse bekam eine breitere Spur, was dem Heck einen Ausdruck von mehr Kraft verlieh, eine schmale Spur wird optisch stets mit einer gewissen »Schmalbrüstigkeit« verbunden. Ein weiterer konstruktiver Fortschritt waren vordere Scheibenbremsen.

Die Varianten entsprachen dem Vormodell: Zwei- und Viertürer, beide wahlweise mit L-Ausstattung, Coupé (serienmäßig in L-Ausstattung); nur in Basisausstattung lieferbar waren Caravan und Lieferwagen (letzterer nicht mit 1,9 Litern). In geringer Zahl gab es erneut 2+2-sitzige Cabriolets von Deutsch. Zunächst bot Opel eine Spezial-Ausstattung für den 1,7- und 1,9-Liter-Rekord gegen Aufpreis an, wie beim Vorgänger, mit Einzelliegesitzen vorne, Teppichboden, mehr Chrom, Stoßstangenhörnern, verschließbarem Tankdeckel, dazu eine Zierleiste auf dem Kofferraumdeckel und viele kleine Nettig- und Nützlichkeiten.

Beide Generationen zusammen, die sich kaum unterscheiden – zumal, wenn beide im gleichen Chamonixweiß lackiert sind. Viertüriger Rekord A mit italienischer Zulassung, ein Rüsselsheimer Produkt, sowie ebenfalls viertüriger Rekord B aus Zürich. Er ist ein Bieler Auto, also in der Schweiz montiert, und wer genau hinsieht, erkennt den stilisierten Alpengipfel im Kühlergrill. Aufnahme Juni 1966.

Mit dem Rekord B erhielt auch der Zweitürer das Privileg, ein Rekord Luxus sein zu dürfen: Radlaufchrom, breite Zusatzzierleiste oberhalb der Schwellerleiste, Radzierringe, Stoßstangenhörner, verchromte Regenrinne und eine Leiste an der Kofferraumkante.

Bald wurde daraus das L-Paket, ab dem 1700er lieferbar. Zwar vordere Scheibenbremsen serienmäßig, aber Zweikreisbremse mit Bremskraftverstärker und Drehstromlichtmaschine blieben aufpreispflichtige Extras, außer beim 1900er und beim Sechszylinder, aber auch bei ihm musste für die Verbundglas-Windschutzscheibe 115 D-Mark extra bezahlt werden. Neue Extras für den Rekord B gab es gegenüber dem Vorgänger kaum, allenfalls Stoßstangenhörner. Die Sechszylinder-Versionen (wieder nur Viertürer und Coupé) unterschieden sich optisch durch den teilgeschwärzten Kühlergrill, trugen serienmäßig das L-Paket und waren mit 165 SR 14-Gürtelreifen vernünftig bereift, dazu eine verchromte Auspuffblende. Eine nette Erfindung im Interieur: Die Innenseite des Handschuhfachdeckels hatte eine Einbuchtung, auf der ein Trinkglas halbwegs sicher abgestellt werden kann, quasi der Vorläufer des Cupholders. Und wieder fand sich die Bezeichnung »Olympia« auf dem Handschuhfachdeckel! Der Breitbandtacho unterstrich die Geschwindigkeitsanzeige durch farbige Felder: grün bis Tempo 50, orange bis 100, darüber rot. Serienmäßig beim Standard-Rekord war das Dreigang-Getriebe mit Lenkradschaltung, nach wie vor mit Olymat kombinierbar. Für die Viergang-Box mit Schaltknüppel auf dem Kardantunnel verlangte Opel Aufpreis. Serienmäßig war sie im Coupé.

Das Rekord B Coupé besticht durch eine hinreißende Linienführung, die Zweifarblackierung in Tunisbeigemetallic mit schwarzem Dach steht ihm hervorragend. Der Besitzer verzichtet auf viel Power, sein Wagen ist ein 1700er.

Die Qual der Wahl: Farbpalette vom August 1965 für das Opel Rekord B Coupé, Metallictöne gegen Aufpreis, Zweifarbkombinationen möglich.

Szene aus Dudenhofen: Versuche auf dem Opel-Testgelände mit sechszylindrigem Rekord Coupé mit Dachgalerie und Blinklicht sowie Peiseler-Rad, einem Messrad. Es heißt nach seinem Erfinder und Hersteller, der Peiseler Road Test Equipment GmbH. Ein Kameramann filmt die Fahrt. Die bewegten Bilder werden anschließend evaluiert.

Die neue Motorengeneration war Opel im Sommer 1965 einen extra Prospekt wert, in welchem das cih-Prinzip erklärt wird.

Endlich neue Motoren

Im Opel Rekord B debütierte eine völlig neue Motorenreihe, die das Herz in nahezu jedem Opel der künftigen 30 Jahre darstellte. Die Motorenreihe heißt »cih«. Diese Abkürzung steht für »Camshaft in Head«, zu Deutsch »Nockenwelle im Zylinderkopf«. Die Entwicklung stammt von GM in Detroit, die Arbeiten daran begannen zu Beginn der 60er Jahre, und das fertige Produkt erlebte sein Debüt im August 1965 im Opel Rekord B. Das bedeutete das Aus für die noch aus Vorkriegszeiten stammenden OHV-Motoren mit seitlicher, also unten liegender Nockenwelle, die erstmals im Opel Super 6 ab November 1936 Verwendung fanden.

Die Besonderheit der cih-Motoren liegt darin, dass die Nockenwelle seitlich neben den Ventilen im Zylinderkopf liegt, angetrieben wird sie von einer Duplex-Rollenkette mit hydraulischem Kettenspanner. Die Nockenwelle betätigt die in einer Reihe befindlichen, hängenden Ventile über Stößel und Kipphebel. Ein wesentlicher Vorteil dieser Konstruktion ist, dass die Ventile mit geringem Zeitaufwand eingestellt werden können. Dazu wird nämlich der Kipphebeldrehpunkt am verstellbaren Zuganker nach oben oder unten verschoben. Die Gewinde der Zugankermuttern sichern sich selbst, sind also ohne Kontermutter verstellbar. Das Ganze ist bei laufendem Motor möglich. Später überarbeitete GM die Konstruktion und ersetzte die Stößel durch Hydrostößel (automatischer Ventilspielausgleich), dann mussten die Ventile überhaupt nicht mehr eingestellt werden. Das heißt, dass Opel mit der neuen cih-Motorengeneration einen ganz wesentlichen Schritt zur Wartungsvereinfachung getätigt hat.

Einen konstruktionsbedingten Nachteil gab es bei den cih-Motoren auch. Einlass- und Auslassseite des Zylinderkopfes waren auf derselben Seite angeordnet. Das sorgte für eine schlechtere Zylinderfüllung und dadurch einen prinzipiell höheren Benzinverbrauch. Die Wasserpumpe, weil unterdimensioniert, war eine echte Schwachstelle bei den cih-Motoren. Die Zubehörindustrie bot bald geänderte Wasserpumpen zum Einbau in Opel-Aggregate an, Opel selbst hielt an der etwas zu schwach dimensionierten Wasserpumpe stets fest.

Der Kurzhuber mit fünffach gelagerter Kurbelwelle bestand komplett aus Grauguss (Motorblock und Zylinderkopf) und war als Baukastenreihe konzipiert worden. So konnten rationell Vier- wie auch als Sechszylinder entstehen, und fortan erhielten die vierzylindrigen Rekord und die sechszylindrigen Opel Kapitän und Admiral den gleichen Grundmotor: Alle cih-Motoren hatten einheitlich 69,8 Millimeter Kolbenhub. Die verschiedenen Hubraumvarianten von 1,5 bis 2,4 Liter (Vierzylinder) respektive 2,5 bis 3 Liter (Sechszylinder) entstanden dann durch unterschiedliche Bohrungsmaße. Kurz nachdem die Vierzylinder-Varianten im Rekord B debütierten, profitierte auch der Kapitän/Admiral A von den cih-Motoren; im September 1965 wurde der alte 2,6-Liter-Kurzhuber aus Vorkriegszeiten vom 2,8-Liter-cih-Reihensechszylinder abgelöst. Die letzten Opel mit cih-Motoren waren die vierzylindrigen 2,4-Liter-Einspritzer im Omega A und Frontera sowie der Sechszylinder mit

Tankszene in Italien mit Tiroler Rekord B Caravan, Aral an einer Tankstelle, die Service für Fiat und OM-Lastwagen anbietet. Die neuen cih-Motoren waren nicht gerade sparsam.

2,6 Litern Hubraum im Omega A und im Senator B, in dem zusätzlich eine 3-Liter-cih-Variante arbeitete. Auch die seit Vorkriegstagen bei Opel in Lizenz gebauten Carter-Vergaser hatten zugunsten von Solex-Gasfabriken ausgedient.

Damit der neue Motor jedermann ins Auge stach, lackierte ihn Opel während der ersten Zeit in leuchtendem Orange. Es gab drei Varianten im vierzylindrigen Rekord: 1,5 Liter mit 60 PS, 1,7 Liter mit 75 PS und 1,9 Liter mit satten 90 PS, letzterer wahlweise mit einer amerikanischen Zweistufen-Powerglide-Automatik (950 D-Mark Aufpreis) zu haben. Kurioserweise ersetzte Opel den 2,6-Liter-Sechszylinder im Rekord (mit Kapitän-Hinterachse und -Getriebe) nicht durch das neue cih-Aggregat, obgleich es, mit 2,8 Litern Hubraum, gleichzeitig im Kapitän/Admiral lieferbar war. Als Viertürer war der Rekord L-6 ein beliebter Polizei-Streifenwagen. Die Polizei schätzte es, dass der Wagen sehr potent war, ihm dies aber niemand ansah.

Wolf im Schafspelz: Rekord L-6 als Streifenwagen der Münchner Polizei, weit unauffälliger als ein sonst üblicher BMW.

Dennoch war die Sechszylinder-Version kein Erfolg. Denn mit dem neuen 90-PS-cih-Motor erreichte der Rekord fast die Fahrleistungen des Sechszylinders. Und der Vierzylinder war merklich leichter. Beim Sechszylinder musste man, vor allem beim Rangieren, beherzter ans Lenkrad greifen. Letztlich hatte der »Rekortän« dem Rekord 1900 nur das Renommee der sechs Töpfe und die größere Laufruhe voraus. Praktisch sprach aber kaum etwas für ihn.

Schneemann als Sympathieträger: Schaufensterdekoration im Winter 1965/66 für den Rekord B Caravan. Mit dem 1,9-Liter-Motor und 90 PS war er so potent wie kaum ein anderer Kombi. Und es gab ihn mit Automatik.

Das 100-PS-Sechszylinderaggregat blieb dem Caravan verwehrt. Aber mit dem neuen 90-PS-cih-Motor war er fast so schnell wie der Rekord L-6, was Opel dazu veranlasste, in der Werbung neben dem Nutz- auch bereits den Freizeitwert zu betonen. So steht im Prospekt, er sei »ein flottes Freizeit-, Wochenend- und Urlaubsauto«. Nach wie vor fehlte aber ein viertüriger Caravan im Opel-Programm. Ford lieferte den Taunus P5 Turnier viertürig, ja sogar sechszylindrig, und war hierin Opel erneut zwei Schritte voraus. In den USA hatte sich der Station Wagon längst vom Status des reinen Arbeitstieres emanzipiert. In Europa schüttelte der Kombi sein Handwerkerimage erst viele Jahre später ab, und bei Ford früher als bei Opel.

Generell verlor der Opel Rekord in dieser Generation weiterhin Bedeutung in der 1,5-Liter-Klasse. Mit dem Rekord B wurde der Opel Rekord zum 1,7-Liter-Auto, Tendenz steigend zu 1,9 Litern, mit dem C-Modell wurde er zum 1,9-Liter- und mit dem Rekord D zum 2-Liter-Wagen. Die Statistik existiert für beide Modellreihen, Rekord A und B, gemeinsam: Zwischen März 1963 und Juli 1965 (Rekord A) sowie August 1965 und Juli 1966 (Rekord B) wurden insgesamt 1.884.075 Fahrzeuge hergestellt: Rekord 1500 354.945 Exemplare (plus 62.636 Caravan), Rekord 1700 554.729 Mal (plus 103.607 Caravan), Rekord 1900 55.651 Stück (plus 6892 Caravan).

Mit Weißwandreifen aufgewertet: Den Caravan gab es nicht als L-Modell und er unterschied sich optisch vom Vorgänger nur durch die Frontpartie und die neu geformten Radkappen. Auch beim Rekord B blieb Opel den schwarz lackierten Felgen treu.

Für die Kastenwagen liegt nur die Gesamtstückzahl vor, 29.443 Fahrzeuge mit allen Motorisierungen. Vom Rekord mit Sechszylindermotor und somit Commodore-Vorläufer gab es 16.172 Stück (darunter nur 3705 Rekord B 2,6), jeweils nur als Limousine und Coupé lieferbar. Einzelzahlen, nicht nach Hubräumen sortiert, existieren für den Rekord B: Opel verkaufte 239.812 Limousinen und Coupés, 45.110 Caravan und 8144 Lieferwagen.

Samstäglicher Autowaschtag, Töchterchen hilft. Mutti holt gerade einen Eimer frischen Wassers, denn sie ist für die Scheiben zuständig. Rekord B Caravan aus Wien mit optionalen Stoßstangenhörnern.

Der wohl bekannteste Hersteller von Bestattungswagen-Aufbauten in Deutschland ist die Karosseriefabrik Pollmann in Bremen. Seit 2008 ist auch sie Geschichte. Pollmann kleidete diesen Rekord B mit leicht verlängertem Hecküberhang und erhöhtem Dachaufbau ein.

JU-HO – Vier Opel-Buchstaben mit Bedeutung

Ab 1929 arbeitete Opel jahrzehntelang mit der Werbeagentur McCann Erickson in Frankfurt zusammen. Von 1986 bis 2000 verfügte Lowe & Partners über den Opel-Werbeetat, die danach allerdings von McCann übernommen wurden. Also war McCann wieder am Ruder. 2011 bis 2019 sicherte sich Scholz & Friends das Opel-Werbebudget, dann kehrte McCann zurück, gewann aber die Ausschreibung 2022 nicht mehr. Seit Jahresbeginn 2023 betreut Jung von Matt den Opel-Werbe- und Öffentlichkeitsauftritt.
McCann aus den USA gründete 1928 eine Berliner Filiale. Zu den ersten Kunden der Werbeagentur gehörte Opel, unter der Bedingung, dass McCann eine Frankfurter Filiale eröffnete. Der Frankfurter Leiter Max Pauli beschäftigte unter anderen ab 1939 den Gebrauchsgraphiker Hans Jung (1913-1983) und den Anzeigengestalter Karl »Carolus« Horn (1921-1992). Zusammen übernahmen die beiden für McCann ab 1954 graphische Arbeiten für Opel (zuvor erledigte dies Justus Stahlberg), Prospekte und Werbeanzeigen. Jung zeichnete die Autos, basierend auf Fotos, von Horn stammte die Gestaltung der Annoncen, Prospekte und Plakate, er ergänzte Jungs Autos mit Personen und Hintergründen. Die beiden vereinbarten, sich zu verewigen, auf den Autokennzeichen. Die Künstlersignatur JU-HO ist darauf zu lesen, die Abbreviation für Jung und Horn. Manche Prospekte tragen auch Kennzeichen, die mit HAM- beginnen. das sind dann Werke von Hans A. Muth, der ab 1956 das Opel-Graphik-Team unterstützte. Opel ließ Jung und Horn jahrelang gewähren und akzeptierte das Phantasiekennzeichen JU-HO, doch irgendwann, spätestens mit der Heraufkunft der Fotografie in der Werbung, trugen Opel-Wagen auf den Kennzeichen »GG-...«, was für den Kreis »Groß-Gerau« steht, zu dem die Stadt Rüsselsheim gehört. Jung und Horn waren auch wortkreativ tätig. Der Opel-GT-Slogan »Nur Fliegen ist schöner« stammt von den beiden. Und er ist bis heute eine geläufige Redewendung.

JU-HO-Werbung, weitgehend willkürlich ausgewählt: proportional »optimierter« Rekord P II Lieferwagen mit JU-HO-Kennzeichen (das Auto von Jung, Personen und Hintergrund von Horn)...

... und ein Rekord A Coupé mit derselben Künstlersignatur, Prospektdrucklegung Januar 1964.

Der Vollständigkeit halber sei auch ein Werk des Graphikers Hans A. Muth gezeigt, mit HAM-Kennzeichen, das Lieferwagenprospekt-Titelbild 1957: Gut gekleidete Herren, der eine im Anzug, der andere im weißen Kittel, beide mit grauen Schläfen, zwei Fahrzeuge und im Hintergrund stilisiert das Opel-Werk. Muth (1935) ist übrigens der Designer des BMW-Motorrades R90 S.*

Kapitel 8

Amerikanischer geht es nicht. Das Opel Rekord C Coupé ist nicht nur ein veritabler Vertreter des Coke Bottle Designs, sondern trägt auch noch ein Hardtop: Kein deutsches Auto jener Jahre war näher dran an der amerikanischen Automobilbau-Ästhetik und wirkte ebenso modern wie modisch. Begrifflich steht das Hardtop (deutsch: hartes Dach = Blechdach) im Gegensatz zum Softtop (weiches = Stoffdach, also Cabrioletverdeck), und der Begriff deckt sich mit dem Inhalt: Das Hardtop verbindet das Fahrgefühl eines Cabriolets mit den Vorzügen eines Blechdaches. Alle Seitenscheiben lassen sich komplett versenken.

Die Colaflasche als Vorbild und ein fliegendes Dach

Die Türen haben keine Rahmen. Somit bleibt bei versenkten Scheiben nichts stehen. Denn es gibt keine vom Karosserieschweller bis ins Dach durchgängige B-Säule. Das heißt, wenn alle vier Seitenscheiben unten sind, fährt man trotz festem Dach wie im Cabriolet. Unterstützt wird dieser Effekt vom optionalen Stahlschiebedach. Außer dem Opel Rekord C Coupé gab es in Deutschland kaum derartige Fahrzeuge. Die Kölner Konkurrenz trug in der Coupé-Variante ebenfalls Hardtop (Ford P5 und P7). Ford war zwar bei der Hardtop-Angelegenheit zwei Jahre schneller als Opel. Dafür kreierte Rüsselsheim den so ziemlich sinnlichsten »schnellen Rücken«, wie man den Fachbegriff »Fastback« wörtlich übersetzt. Opel hatte es geschafft, aus dem recht braven Opel Rekord ein aufregendes Coupé zu machen.

Nie zuvor und danach war ein Rekord Coupé spektakulärer gezeichnet: Rekord C Coupé in Hardtop-Bauweise ohne durchgehende B-Säule, auf der Fahrerseite beide Scheiben herabgelassen.

Und dann dieser Rücken, absolut entzückend, äußerst extravagant. Mit dieser Dachform schuf Claire McKichan ein richtiggehend dramatisches Fahrzeug. Die Kunden wussten es zu schätzen.

Er wirkte gegenüber dem Vorgänger richtig erwachsen, länger, breiter, auch die Spur wurde breiter. Dazu passte das neue Fahrwerk. Die rigide Starrachse wurde so aufgemöbelt, dass sie fast die Radführung und den Komfort einer hinteren Einzelradaufhängung ermöglichte. Mit dem 1,7-Liter-S-Motor, Standard im Coupé, war der Wagen angemessen motorisiert, und mit dem 1,9-Liter-S-Motor mit 90 PS ging es zügig voran. Ab Dezember 1966 gab es den Rekord-6 mit 2,2-Liter-Reihensechszylinder mit 95 PS, nun ebenfalls eine cih-Maschine. Der lief zwar ruhiger als die etwas rauen Vierzylinder, aber wer einen Sechszylinder haben wollte, griff eher zum Commodore. Wer wollte, bekam sogar den Rekord C Lieferwagen mit Sechszylindermotor! Der Rekord-6 war bis August 1968 im Programm. Da es den Commodore nie als Caravan gab, den Rekord C-6 hingegen schon, hatte Opel fortan dem sechszylindrigen Ford Taunus 20m Turnier nichts mehr entgegenzusetzen. Innerhalb seiner kurzen Bauzeit von nur elf Monaten verkaufte sich der Rekord C-6 recht gut, 11.586 Exemplare liefen vom Band – und das, obwohl gleichzeitig der Commodore A 2200 mit dem gleichen Motor angeboten wurde. Objektiv betrachtet, sprach nahezu nichts für den Kauf eines Rekord C-6. Er hatte nur 5 PS mehr als der 1,9-Liter-Vierzylinder, aber einen deutlich schwereren Motor. Wer ihn dennoch kaufte, wollte das Prestige, das seinerzeit die sechs Töpfe verliehen. Optisch war der Rekord-6 sehr dezent: Auf dem Kofferraumdeckel und im Kühlergrill eine rote »6« hinter »Rekord«, mehr war nicht.

Neuwagen, viele, bunte Neuwagen, lauter Opel Rekord C und Opel Kadett B im Jahre 1971. Die (wenigen) Fahrzeuge mit Kunstlederdach tragen einen transparenten Kunststoffschutz für den Vinylbezug.

Im Herbst 1967 debütierte der Rekord Sprint, ein optisch sportlich aufgemachter Rekord, fast ausschließlich als Coupé geordert (aber bis Dezember 1968 auch als Limousine angeboten). Er hatte einen schicken, seitlichen schwarzen Doppelstreifen, der die Coca-Cola-Flaschen-Form erst recht betonte, knackige Sportfelgen im Rostyle-Design ohne Radkappen, einen geschwärzten Grill mit Halogen-Zusatzscheinwerfern und einen mattschwarzen Heckabschluss (bei Fahrzeugen in dunklen Farben war er silbern lackiert), oftmals kombiniert mit optionalem Vinyldach. Am Heck und im Grill prangten »Sprint«-Schriftzüge. Sein Clou waren die Rotring-Reifen. Diese kurzlebige Mode kam ebenfalls aus den USA, ein Muscle-Car-Attribut. Innen wurde die L-Ausstattung durch Zusatzinstrumente (Ampèremeter, Drehzahlmesser, Ölmanometer), Sportschalthebel und Dreipunkt-Sicherheitsgurte sportlich aufgemotzt. Sein Herz war ein aufgepeppter 1900er-Vierzylinder, genannt 1,9-Liter-H (= Hochleistung) mit überarbeitetem Zylinderkopf und Doppelvergaseranlage, der das Coupé dank 106 PS und Doppelrohrauspuff auf 175 km/h beschleunigte.

Ursprünglich hätte der Sprint zwei Solex Flachstrom-Doppelvergaser haben sollen, erschien dann aber mit zwei Weber Doppel-Fallstromvergasern. Die Justierung der beiden Gasfabriken hatte viele Opel-Monteure überfordert, außerdem bevorzugten die Käufer den ruhigeren Sechszylindermotor und orderten einen unwesentlich teureren Commodore. Vom Sprint entstanden bis September 1971 nur 13.245 Exemplare.

Der Rekord Sprint mit seinem etwas hochgezüchteten 1,9-Liter-Motor gehörte nicht zu den Lieblingen der Rekord-Käufer. Wer mit ihm liebäugelte, war schon nahe am Commodore. Umso willkommener ist heute ein Sprint im Originalzustand auf einem Alt-Opel-Treffen.

Raymond Loewy, der berühmte französisch-amerikanische Designer (von ihm stammt der berühmte Satz: »Hässlichkeit verkauft sich schlecht«) entwarf in den 50er Jahren die moderne Coca-Cola-Flasche und war stolz auf sein Produkt: »The Coke bottle is the most perfectly designed package in the world.« Das sahen andere auch so, selbst Autodesigner. Was lag näher, als andere Dinge auch so zu verpacken? Autos zum Beispiel. »Coke Bottle Design« nennt man die Autos mit dem Hüftschwung, deren prominenter deutscher Vertreter der Opel Rekord C ist. Und »Coke Bottle Styling« ist jene Mode, der er und seine formalen Brüder unterliegen. Der erste Wagen, dessen Form dem Coke Bottle Design entspricht, ist der Studebaker Avanti von 1962, geschaffen von Raymond Loewy. Er schlug derart ein, dass der Hüftschwung im Folgejahr kopiert wurde (große Pontiac-Modelle, Buick Riviera) und für ein paar Jahre zu einem richtigen Markenzeichen von General Motors wurde. Bill Mitchell schuf die 1963er Chevrolet Corvette mit denselben Schwüngen wie Loewy sie bei der Coca-Cola-Flasche vorgegeben hatte, und als 1968 der Nachfolger im selben Stil mit ausgeprägten Kotflügeln und Wespentaille auf den Markt kam, musste selbst die Konkurrenz nachziehen. Das Coke Bottle Design war bei Chrysler, Ford und American Motors angekommen. Was die Amerikaner vormachten, wurde mit zeitlicher Verzögerung in den anderen Industrienationen modern, und in der zweiten Hälfte der 60er Jahre war das Colaflaschen-Styling angesagt bei Stilisten in Europa, Australien und Japan.

Der erste deutsche Wagen im Coke Bottle Design war der Opel Rekord C. Der wurde komplett in Rüsselsheim entworfen; sein Styling kam nicht, wie das seiner Vorgänger, aus Detroit. Aber das Sagen im Rüsselsheimer Designzentrum hatte ein Amerikaner. Es war Claire McKichan, damals ein glühender Vertreter dieses Designmerkmals. Doch es gab zwei Strömungen, die beinahe gleich stark waren. McKichan hatte nämlich einen Widersacher. Das war Herbert Killmer, ein Deutscher. McKichan scharte ebenso wie Killmer ein Design-Team um sich, und es gab zwei prinzipielle Entwürfe für den Opel Rekord C. McKichans Mann Erhard Schnell, der Leiter des »Advanced Studios«

In der Opel-Werkstatt im Februar 1973 sind mit mehreren Rekord C und Kadett A und B zwar noch genügend Vertreter der vergangenen Dekade zu sehen. Aber die neuen Modelle der 70er Jahre wie Rekord D, Commodore B und Manta A überwiegen.

favorisierte die Variante mit Hüftschwung, Killmer, seinerseits Leiter des »Rekord-Studios«, jene mit glatter Flankenoberkante. McKichan und Schnell setzten sich durch. Das mag am durchschlagenden Erfolg des damaligen Chevrolet Chevelle gelegen haben, der einen sehr ausgeprägten Hüftschwung aufwies. Damals herrschte in den USA eben noch die Meinung vor, dass alles, was dort erfolgreich ist, auch gut für Europa sein müsse.

Diese Art der Karosserieform war aber nicht nur modisch, sondern hatte auch praktische Vorzüge. Durch die bauchigen hinteren Kotflügel und das daraus resultierende, stark betonte Heck wuchsen die Kofferräume der Coke-Bottle-Autos beträchtlich, was sicherlich ein großer Vorteil war. Dafür war die Übersicht für den Fahrer stark eingeschränkt, denn die neue Designlinie bedingte eine sehr breite C-Säule, was der Rundumsicht ebenso abträglich war wie die aus dem dicken Hintern resultierende, relativ schmale Heckscheibe - ganz zu schweigen von den hinteren Seitenscheiben, die teilweise zu schießschartenkleinen Öffnungen reduziert wurden. Die letzten Neuerscheinungen im Coke Bottle Design kamen 1970/71 auf den Markt, doch damals waren die Rundungen bereits eine abklingende Mode. Eines der letzten »Colaflaschenautos« war der zweitürige Ford Consul Fastback, erschienen im März 1972, und an ihm sah der Hüftschwung tatsächlich sehr gestrig aus.

Der absolute Durchschnitt: Rekord C Zweitürer in Basisversion. Das einzige, worin der Käufer zusätzlich investierte, ist ein Satz Radzierringe.

Das Karosserieangebot war beim C-Rekord so vielfältig wie nie zuvor: Zwei- und viertürige Limousine, Caravan nun auch viertürig, das hinreißend elegante Coupé und wieder offerierte Karl Deutsch ein Cabriolet auf Basis der Zweitürer-Limousine. Der viertürige Caravan, auch in L-Ausstattung erhältlich, war eine Reaktion auf den sich langsam abzeichnenden Trend, dass Kombis keine reinen Handwerkerautos darstellten, sondern sich freizeitorientiert zeigten. Der Rekord Lieferwagen spielte in Deutschland noch eine kleine Rolle, wurde aber hauptsächlich exportiert.

Arbeiterklasse: lauter zweitürige Rekord C Caravan, vereinzelt auch noch Vertreter der Vorgängergeneration. Die Kärcher-Firmenflotte wurde regelmäßig erneuert, da gab es keine alten Autos. Und schmutzige schon gar nicht. Das hätte sich mit dem Produkt nicht vertragen. Immerhin ist »Kärcher« der Genrebegriff für Hochdruckreiniger (sogar im Französischen. Dort gibt es einen Song der Rapperin Keny Arkana namens »Nettoyage Au Karcher«).

Viertüriger Rekord C Caravan als kleiner Lichtwagen des Südwestfunks Baden-Baden. Gut sichtbar die Kiste, in der die Colortran-Lampen transportiert werden. Im Einsatz war dieser Wagen immerhin bis 1985.

Der Rekord C verkaufte sich bestens, und in Zeiten der Rezession kurbelte Opel den Verkauf durch standardisierte Rekord an. Das ist insofern interessant, als diese wohl die ersten Werkssondermodelle in größerer Stückzahl gewesen sein dürften. Denn ausgerechnet in der Zeit, als der »Vater des Wirtschaftswunders«, Ludwig Erhard selbst, Kanzler war, 1966/67, erlebte die Bundesrepublik ihre erste Wirtschaftsdelle: erstmals kein Wirtschaftswachstum, die Arbeitslosenquote und die Preise stiegen an, Kredite wurden teurer, Investitionen gingen zurück, die Bundesregierung beschloss ein Sparprogramm. Auch die Autohersteller waren betroffen, am meisten Opel und Ford. Sie reagierten mit preiswerten Sondermodellen.

Im November 1967 erschien das erste, der Spar-Rekord in Creme (1,5 Liter, Dreiganggetriebe, altes Zweispeichenlenkrad, vereinfachte Scheibenzierleisten, Radkappen vom Kadett). Ein Jahr später folgte die zweite, gleich gehaltene Sonderserie, nunmehr mit Namen »Rekord Festival«, zusätzlich zu Creme gab es auch Lagoblau, wahlweise 1,5 oder 1,7 Liter, seitliche Fensterrahmen lackiert, 10.000 Exemplare. Ein Jahr später, im Herbst 1969, das gleiche Spiel, Namensänderung nunmehr in »Rekord Export«, vereinfachte Innenausstattung, keine Uhr, seitliche Fensterrahmen in Wagenfarbe, Kadett-Radkappen.

An den gerade mal vor einem Jahr neu herausgebrachten cih-Aggregaten änderte sich für den Rekord C nichts. Standard blieb eine Dreigang-Lenkradschaltung, wahlweise Viergang-Lenkrad- oder Mittelschaltung (letztere serienmäßig im Coupé). In den ersten Jahren bot Opel noch den Olymat an, die automatische Kupplung von Fichtel & Sachs, bei welcher der Fahrer zwar schalten, aber nicht kuppeln musste. Eine konstruktive Neuheit beim Rekord C war die an Schraubenfedern, vier Längslenkern und Panhardstab geführte hintere Starrachse, ein wesentlicher Fortschritt gegenüber der Blattfederhinterachse des Vorgängers. An dieser Hinterachsaufhängung hielt Opel bis 1986 fest.

Zu den ersten konfektionierten Sondermodellen gehört der Rekord C. 1968 erschien der »Rekord Festival« in Creme oder Lagoblau, wahlweise 1,5 oder 1,7 Liter, seitliche Fensterrahmen lackiert, 10.000 Exemplare entstanden.

Mit einem Sondermodell verabschiedete sich die Baureihe: Kurz vor Produktionsschluss im Juli 1971 erschien der viertürige »Rekord Holiday« mit 1,9-Liter-Motor und ein paar Leckereien (Schiebedach, heizbare Heckscheibe, Zusatzscheinwerfer) zum Sonderpreis.

Eine grundlegende Modellpflege gab es beim Rekord C nicht, er kam bereits ausgereift zur Welt. In Details modifizierte Opel seinen Bestseller, neue Ausstattungsvarianten und optionale Goodies hielten ihn stets am Köcheln. Drei- statt Zweispeichenlenkrad, neue Designs der Türinnenverkleidungen. Sicherheitslenkung statt starrer Lenksäule im August 1967. Im September 1968 ersetzte Opel die amerikanische Zweistufen-Powerglide-Automatik durch eine Eigenentwicklung mit drei Stufen (im Opel-Werk Straßburg gebaut).

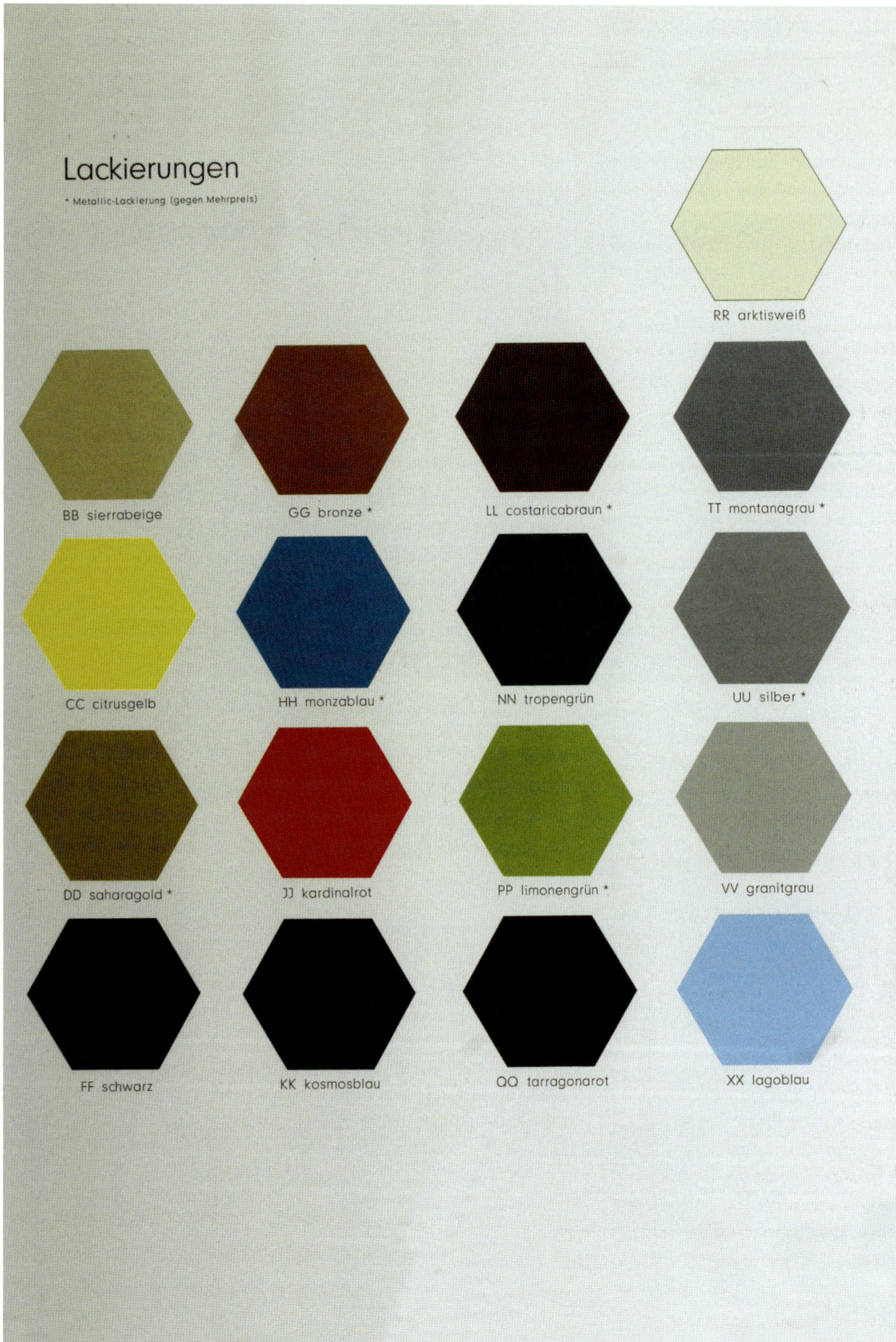

Farbkarte vom August 1971, gültig also für die letzten Rekord-C-Monate. Eine Zweifarbenlackierung gab es nicht mehr, dafür das schwarze Vinyldach. Der Kunde konnte unter immerhin sieben Metalliclacken auswählen.

Ab Januar 1969 Sperrdifferenzial und Automatik ab 1,7 Litern aufwärts lieferbar. Prinzipiell ging der Trend weg von den schwachen Motoren, und ab Januar 1970 entfiel der 1,5 Liter zugunsten des Ascona. Das verdeutlicht, dass der Rekord zunehmend in einem höheren Marktsegment angesiedelt wurde, Ford tat dasselbe und bot den P7 sogar mit 2,3- und 2,6-Liter-V6 an, gegen deren Erfolg Opel den Commodore ins Rennen schickte. In seinen letzten beiden Produktionsjahren trug der Rekord C keine Schriftzüge mehr seitlich auf den Vorderkotflügeln und auch nicht mehr auf dem Handschuhfachdeckel (wo erstmals nicht mehr »Olympia« gestanden hatte). Im letzten Modelljahr 1971 war der Rekord nicht mehr in Zweifarbenlackierung lieferbar, dafür optional mit schwarzem Vinyldach und mit getönten Scheiben. Kurz vor Produktionsschluss kam im Juli 1971 das viertürige Sondermodell »Rekord Holiday« mit 1,9-Liter-Motor und ein paar Goodies (Schiebedach, heizbare Heckscheibe, Zusatzscheinwerfer) zum Sonderpreis von 9935 Mark. Der Rekord C wurde von August 1966 bis Januar 1972 gebaut. 1.274.363 Stück liefen vom Band, darunter 233.096 Caravan und 21.201 Lieferwagen. 11.586 Fahrzeuge hatten sechs Töpfe unter der Haube. Damit war der Rekord C der erste Stückzahlmillionär im Opel-Programm.

Kleines Malheur bei der Nürnberger Polizei: Ein Opel Rekord C 1700 Streifenwagen kollidiert mit einem Simca 1500. Der Simca kam von rechts. Ob der Opel mit Blaulicht und Martinshorn unterwegs war?

Autoartisten erlebten in den späten 60er- und frühen 70er-Jahren einen wahren Boom. Sie nannten sich Teufelsfahrer oder Hell Drivers, und ihre Shows fungierten unter Auto-Rodeo. Sie balancierten auf zwei Rädern, überfuhren Sprungschanzen, und der Höhepunkt einer jeden Show war die systematische Zerstörung von Schrottautos. Im Bild die Show der Canadian Hell Drivers auf der Galopprennbahn in München-Riem im September 1968. Ein Artist liegt am Boden und lässt sich von zwei Opel Rekord C Sprint synchron via Sprungschanze überfahren.

Hierbei handelt es sich nicht um einen Abflug, sondern um einen Überflug der Hell Drivers. Der obere Wagen, der »Flieger«, ist ein normaler Rekord 1900 in Grundausstattung, der untere ein viertüriger Sprint mit den entsprechenden Felgen und dem charakteristischen Doppelstreifen.

Die Schwarze Witwe

Dieses Auto ist ein einziger Mythos. Die Schwarze Witwe, der Opel Rekord C im Motorsport-Trimm, entstand im Verborgenen, war plötzlich auf der Piste und begeisterte die Zuschauer. Dann war er ebenso plötzlich spurlos verschwunden. Und ebenso unvermittelt baute die Opel-Classic-Abteilung ihn nach.

Die Schwarze Witwe ist ein Kind Anatole Lapines, den eigentlich kaum jemand mit Opel in Verbindung bringt. Er war 1965 als Designer von GM an den Main entsandt worden, wo er vier Jahre lang als Chef der Forschungsabteilung wirkte. Danach ging er als Chefdesigner zu Porsche, schuf das 911 G-Modell und die Transaxle-Baureihen 924, 944 und 928. In seiner Rüsselsheimer Zeit zwischen 1965 und 1969 widersetzte sich Lapine (1930-2012) zusammen mit einigen motorsportbegeisterten Entwicklungs-Ingenieuren der GM-Doktrin, die Motorsport verboten hatte. Und das kam so: GM war, wie die meisten anderen US-Autokonzerne, Mitglied in der Automobile Manufacturers Association (AMA). Im Juni 1957 einigten sich die AMA-Mitglieder, in der Au-

Keine »Schwarze Witwe«, aber der heißeste und schnellste Rekord C, der existiert: Ein Düsseldorfer Enthusiast setzte die Opel-Karosserie auf die Bodengruppe eines Dodge Viper RT10. Ein unscheinbarer Rekord mit 400 PS starkem 8-Liter-V10-Motor zum Porsche-Jagen.

towerbung auf Leistungswerte und Topspeed zu verzichten und gleichzeitig keinen Motorsport mehr zu betreiben. Daran hielt sich GM und daran hatte sich Opel zu halten. Der »AMA-Bann« war eine Reaktion auf das Desaster von Le Mans 1955 (bei dem es einen verheerenden Unfall mit 84 Toten und 180 Verletzten gab) sowie mehrere Unfälle in der NASCAR-Saison 1957. Offiziell endete diese Selbstverpflichtung 1962, nachdem Ford ankündigte, sich wieder an NASCAR-Rennen zu beteiligen. GM aber blieb weiterhin auf Distanz.
Lapine beteiligte sich in einem Rüsselsheimer Keller an der Konstruktion eines Renntourenwagens auf Basis eines zweitürigen Rekord C. Aus dem 1900er-Motor zauberte die Keller-Crew ein rennfähiges Triebwerk mit scharfer Nockenwelle, höherer Verdichtung, geänderten Kolben und strömungsgünstigeren Kanälen. Dazu eine Weber-Doppelvergaseranlage, neuer Fächerkrümmer und Sidepipe-Auspuffanlage, aus dem 90-PS-Triebwerk wurde ein 175-PS-Rennmotor, der seine Kraft auf eine rundum überarbeitete Hinterachse brachte. Äußeres Kennzeichen dieser Hinterachse waren die verbreiterten Serienstahlfelgen. Manche Insider berichten, Lapine habe neben der Lackierung »nur« die Hinterachse modifiziert, der Motor hingegen sei bei GM Nordiska unter der Leitung von Ragnar Eklund entstanden, dem Chef des Rennteams der schwedischen Opel-Händlervereinigung (die sich schon früh dem GM-Rennverbot widersetzt hatte). Eklund verbaute nach dieser These einen besonderen Zylinderkopf (den so genannten Schwedenkopf) und der Motor hatte ein spezielles Ansaugsystem. Gerüchteweise ist auch von einem Kompressor die Rede. Man weiß es nicht. Das Original ist ja verschollen. Und ebenso unklar ist, auf welchem technischen Stand die Witwe war, als sie in Deutschland startete und was mit ihr später in Österreich geschah.

Lapine kam aus den USA, und insgesamt ist die Schwarze Witwe auch ziemlich »amerikanisch« konstruiert – im Sinne von hochprofessionell, denn europäische Renntourenwagen waren damals eher Bastlerautos, wenn auch mit Straßenzulassung. Doch der Renn-Rekord hatte einen Mattig-Überrollkäfig, einen liegenden Schnelltankverschluss oder die tief geschüsselten Stahlfelgen mit den breitest möglichen Reifen, und das war typisch für amerikanische NASCAR-Renner.
Für die Karosserie wählte Lapine eine tiefschwarz hochglänzende Farbe, sehr sparsam gelb dekoriert mit dem Opel-Signet im Stile der 20er Jahre, eine Reminiszenz an den berühmten Opel Raketenwagen von 1928. Auch die Startnummern waren entsprechend gelb gestaltet, Lapine verweigerte sich schlichtweg der offiziellen Optik von Startnummern. Offenbar konnte er sich das leisten. Das Lenkrad hatte einen prominenten Vorbesitzer: Es wurde dem Opel Experimental-GT entnommen, der 1965 auf der IAA gestanden hatte.
Der Spitzname auf der Piste war schnell da: das »Taxi« (verständlich wegen der Farbe) oder auch »Schwarze Witwe« (was nur Insider richtig zu deuten wussten).

Der Mann hinter dem Design und der Hinterachse: Anatole Lapine, aufgenommen am 1. Juni 1969 beim 1000-km-Rennen auf dem Nürburgring. Die Bezeichnung »Schwarze Witwe« ist, der Legende nach, eine Schöpfung Anatole Lapines. Ein Name mit Symbolcharakter, denn so hieß der letzte Tourenwagen, den GM vor seinem Rücktritt vom Motorsport eingesetzt hatte, eine 1957er Chevrolet Corvette in der US-Stock-Car-Meisterschaft.

Die Rennkarriere verlief kurz und ruhmlos. Er röhrte und grölte 1967/68 mit Erich Bitter am Steuer auf dem Hockenheimring (# 610) und in Zolder (# 201), er begeisterte die Zuschauer. Denn so seriennah sah damals kaum ein Renntourenwagen aus. Mit einem Rekord C konnte sich jeder identifizieren. Da Opel nichts wissen durfte, war auch

Erich Bitter in der Schwarzen Witwe beim Saisonfinale auf dem Hockenheimring 1968, wo er, wie man sagt, teilweise bessere Rundenzeiten hinlegte als Porsche und BMW.

keine Homologation erteilt worden, und der Rekord wurde also in der Prototypenklasse »Gruppe 5« gemeldet. Natürlich bekam die Opel-Führung Wind von der Sache, distanzierte sich vom Rennsport (wie jede GM-Tochter duldete Opel maximal »Zuverlässigkeitsfahrten«, selbst das Wort »Rallye« wurde gemieden) und sehr schnell auch vom Auto.
Der Rekord wurde an den Wiener Opel-Händler Bergmann verkauft (oder gar verschenkt, nur weg damit!), der einen Rennstall namens »Kaiman« unterhielt. Unter österreichischer Flagge und mit dem sehr jungen Niki Lauda am Steuer hatte die Schwarze Witwe noch einen Auftritt 1969 beim Flugplatzrennen in Tulln (# 17). Danach ward sie nie mehr gesehen, angeblich gestohlen im Jahre 1970 von Bergmanns Firmenhof.

Eine Schwarze Witwe entsteht – in der Opel-Classic-Werkstatt im Jahre 2012, ganz aus der Erinnerung, ganz ohne Unterlagen.

Viele Jahre später entschlossen sich die Opel-Classic-Mitarbeiter Jens Cooper und Michael Spieth, die Schwarze Witwe auferstehen zu lassen. Der Kontakt zum 2012 kurz vor der Fertigstellung des Projekts verstorbenen Anatole Lapine half bei technischen Fragen, insbesondere seine Hinterachskonstruktion betreffend. Ursprünglich eine Starrachse mit Panhardstab, bei der Witwe mit stabilen eingeschweißten Querträgern statt Panhardstab sowie einer Kreuzkonstruktion mit spielfreien Unibal-Gelenken für eine extrem steife Radführung. Überliefert ist, dass die Opel-Classic-Mitarbeiter Lapine im Baden-Badener Altenheim besuchten, wo er für sie auf die Rückseite einer Speisekarte von »Essen auf Rädern« die Hinterachskonstruktion zeichnete. Die Replika wurde ohne Rücksicht auf Kosten erstellt, sogar 200 PS stark, röhrend und brüllend.

Trennscheibengeeignet: Das lange Vogt-Taxi

Ein weitere Sonderausführung des Rekord C war das Taxi mit verlängertem Radstand und Trennscheibe, eine Arbeit des Karosseriespezialisten Vogt in Bad Neuenahr. Vertrieben wurde diese Ausführung über das Opel-Händlernetz. Grund war die Trennwandverordnung der Bundesregierung, welche Taxifahrer vor Übergriffen schützen sollte. Gut gemeint, aber schwierig zu verwirklichen. Denn die Trennwand aus schusssicherem Glas schränkte entweder den Platz des Fahrers ein, der seinen Sitz nicht mehr weit genug zurückschieben konnte, um bequem zu sitzen, oder den Fußraum der Passagiere. Die Lösung war also der von Vogt verlängerte Rekord. Er wurde gebaut und verkauft, solange die Trennwandverordnung galt, 1967 bis 1969. Vogt bot drei Versionen an: Viertürer mit eingefügtem 20-cm-Mittelteil zwischen den Türen, Viertürer mit den Vordertüren des Zweitürers (plus 22 cm Länge) sowie, als Kombination aus beiden, Viertürer mit Zweitürer-Vordertüren plus dem eingefügten 20 Zentimetern zwischen den Türen (plus 23 cm Länge). Mit rund 9500 D-Mark war das lange Rekord Taxi verhältnismäßig teuer, circa 240 Exemplare entstanden.

Das verlängerte und trennwandgeeignete Rekord Taxi von Vogt, hier die Version mit den vier Serientüren mit mittig hinzugefügten 20 cm Blech.

Kapitel 9

Die sechs Zylinder im Rekord C und besonders im Commodore A waren nichts als eine Reaktion auf die Kölner Dreistigkeit, den Ford Taunus seit September 1964 mit dem »Kölner V6« auszustatten. Ein echter Affront, von dem Opel eiskalt erwischt wurde. Zwar war Opel mit dem sechszylindrigen Rekord A dem Erzrivalen um ein Vierteljahr voraus. Aber der Opel blieb ein reines Nischenfahrzeug, während Ford zum V6-Großangriff blies. Im Rekord A und B hatte ein hubraum- und leistungsverkleinerter Kapitän-Sechszylinder Dienst getan, im Rekord C ein ebenfalls 2,2 Liter großer cih-Sechszylinder. Aber für die Rüsselsheimer Marketing-Leute war klar, dass ein Klassewagen mit sechs Zylindern keine Ausstattungsvariante des Rekord bleiben konnte. Ein eigenes Image musste geschaffen und eine neue Typenreihe kreiert werden, um das höhere Niveau mit einem Namen zu verbinden. So entstand der »Commodore«.

Der Rekord für Aufsteiger

Das kluge Baukastenprinzip erlaubte, ohne Neukonstruktion eine Baureihe zwischen Rekord und den großen Opel zu etablieren: Der Commodore war ein Aufsteigerauto mit sportlichem Touch, familientauglich und zuverlässig wie ein Rekord und gleichzeitig ein Autobahnstürmer mit Individualcharakter. Im März 1967 debütierte der Commodore A, optisch ein Rekord L mit geändertem Grill und mehr Chrom, zusätz-

Landläufig werden die Sportversionen mit der Coupékarosserie verbunden. Aber es gab GS und GS/E natürlich auch als Stufenhecklimousine, hier in Saharagoldmetallic mit schwarzem Kunstlederdach.

Ein typisches Werbefoto der Zeit. Es wendet sich an Männer. Man könnte es interpretieren, muss man aber nicht.

Sehr frühes GS Coupé auf dem Rüsselsheimer Prüfstand, mit verchromten Sportstahlfelgen im Rostyle-Look und mit Weißringreifen, die es für diesen Wagen nicht serienmäßig zu kaufen gab.

GS/E von innen. Sehr schwarz, Zusatzarmaturen, Dreispeichenlenkrad, Holzdekoration, Four on the Floor und 150 PS Output. Was für ein Wagen! Foto eines Exemplars ab 1970, Leder- statt Holzkranz, keine geschlitzten Speichen mehr, Imitat statt Echtholz.

licher breiter Zierleiste zwischen den Rücklichtern (die bis Mai 1968 aufgesetzte Zierstreben hatte und danach nicht mehr) und anderem Felgendekor für größere Räder (14 statt 13 Zoll-Felgen); von Anfang an beliebtes Extra war das schwarze Vinyldach. Innen dominierten feine Stoffe, zunächst echte Holzapplikationen, später Holzdekor, Servolenkung serienmäßig, anfangs geschlitzte Lenkradspeichen.
Die Grundmotorisierung des Commodore war ein Motor, der vom neuen 2,8-Liter-Sechszylinder des Opel Admiral und Kapitän abgeleitet war, auf 2,5 Liter reduziert. Wem die 115 PS zu viel waren, konnte ab Mai 1967 gegen Minderpreis den aus dem Rekord bekannten 2,2 Liter-Sechszylinder mit 95 PS ordern, das taten bis September 1968 aber nur 1326 Kunden. Wer sich einen Commodore leisten konnte, hatte auch das Geld für den »richtigen« Motor. Lieferbar war der Commodore als Zwei- und Viertürer-Limousine, als Coupé sowie, vom externen Karosseriebauer Deutsch, als Cabriolet. Eine Caravan-Variante blieb ihm verwehrt; der einzige Kombi war der Commodore Voyage, eine Designstudie auf dem Genfer Salon 1968, in zartem Hellbeigemetallic lackiert und mit Holzdekor an den Flanken versehen, ganz im Stile amerikanischer Station Wagons. Während in der Rekord-Linie die Zweitürer-Limousine dominierte, kauften die Commodore-Kunden vorwiegend den Viertürer oder das Coupé.

Die diabolische Farbgebung: Kardinalrot mit schwarzem Vinyldach und Doppelstreifen. Es ginge noch mehr. Doch dieses Exemplar verzichtet auf die partiell schwarze Haube.

Nach dem Standard-Commodore erschien im November 1967 der GS. Für 1000 D-Mark Aufpreis lieferte Opel den Motor mit überarbeitetem Zylinderkopf, Zenith 35/40 INAT-Doppelvergaser und neuer Auspuffanlage. Satte 130 PS waren die Ausbeute, der Commodore GS rannte 180 km/h. Sein Heckblech war mattgeschwärzt, bei dunkel lackierten Fahrzeugen war es silbern lackiert. Der GS trug Zusatzscheinwerfer und entsprechende Schriftzüge. Bis Ende 1968 waren seine Sportstahlfelgen im Rostyle-Look verchromt, danach wurden sie zweifarbig silbern/mattschwarz lackiert, gleichzeitig größere Radbremszylinder und Bremsdruckminderer. Das hübsche Lenkrad mit Holzkranz wurde zum Modelljahr 1970 durch ein Volant mit Lederimitat ersetzt, die Echtholzleisten im Inneren wichen Imitat.

GS/E: Magische Buchstaben für den sportlichsten Commodore

Im März 1970 verpasste Opel dem GS die elektronische Multipoint-Benzineinspritzung Bosch D-Jetronic: 150 PS Output, 192 km/h Topspeed, Zwillings-Auspuff. Der GS/E setzte auf aggressive Kriegsbemalung: Dezent war nur der Frontspoiler, der Grill war schwarz, die Motorhaube auch, ebenso das meist georderte Vinyldach, ebenso der Innenraum. Besonders schwarz waren die doppelten Rallyestreifen an den Flanken anstelle der zarten Zierlinien. Gepaart mit meist roter Farbe sah ein Commodore GS/E wahrhaft diabolisch aus. Für besonders seriöse Kunden bot Opel an, den Wagen ohne Streifen und schwarze Haube zu liefern. Der weitaus größte Teil des Adrenalin-Commodore wurde als Coupé in Kardinalrot oder Zitrusgelb mit schwarzer Kriegsbemalung geordert. Lieferbar war der GS/E aber auch als Zwei- oder Viertürer-Limousine, optional mit Dreigang-Automatik und Sperrdifferenzial. Den Commodore GS/E bewarben die Rüsselsheimer so offensiv wie nie einen Opel zuvor. Und er war der erste deutsche Serienwagen mit Frontspoiler; selbst der Porsche 911 S bekam ihn später.
Als dritte Sportvariante erschien im April 1970 der Commodore GS 2,8, eine 2000 Exemplare umfassende Sonderserie des Commodore GS für die Motorsport-Gruppe 2 (Spezialtourenwagen). Der 2,8-Liter-H-Motor aus dem Admiral leistete 145 PS und barg in sich das Potential, auf bis zu 300 PS getunt zu werden. Diese Wagen wurden zum größten Teil als Basis für Gruppe-2-Rennwagen verwendet. Aber sie waren natürlich zulassungsfähig.
Die Commodore-A-Produktion wurde zeitgleich mit derjenigen des Rekord C eingestellt. Zwischen März 1967 und Dezember 1971 wurden 156.497 Wagen gebaut, darunter ein Drittel Sportversionen.

Das ist heute fast in Vergessenheit geraten: Die Commodore GS und GS/E, welche in dunklen Farben lackiert waren, trugen ihr Heckblech nicht in mattem Schwarz, sondern in Silbermetallic.

Ein Taxifahrer mit Geschmack und Benzin im Blut. Er wollte keinen Mercedes-Diesel mit 55 PS, keine Wanderdüne. Er wollte einen Wagen mit Esprit und 130 PS, einen Commodore GS. Damit fuhr er seine Kunden durch West-Berlin und hatte Spaß an jedem Kilometer. Die Mehrkosten in Sachen Benzinverbrauch nahm er dafür gerne in Kauf.

In hellen Farben lackierte Wagen hatten das schwarze Heck. Und heute hat jeder restaurierte Commodore A auch ein schwarzes Heck, weil es sportlicher und typischer aussieht.

Einchecken zur Überfahrt, Tickets für die Fähre kaufen. Commodore des letzten Baujahrs 1971 mit Vinyldach und hinterer Radioantenne. Der blaue Wagen im Hintergrund ist etwas ganz Seltenes: ein Ford Anglia Torino mit belgischer Zulassung. Diesen Wagen ließ Ford-Italia nach Michelotti-Entwurf bei Osi einkleiden und verkaufte ihn auf dem Heimatmarkt und in den Benelux-Staaten. Er ist fast spannender als der Commo!

Hochzeitsfoto, der schönste Tag im Leben. Das Hochzeitsauto mit Blumen geschmückt, die Braut mit Schleppe und Sträußchen. Ein Commodore GS ist durchaus standesgemäß für derartige schöne Pflichten.

Einige Commodore liefen bei der hessischen Autobahnpolizei. Ordnungshüter mit Potenz und Potenzial.

Was hätte sein können. Aber die Zeit war nicht reif: Commodore Voyage, eine Studie auf dem Genfer Salon 1968, in Hellbeigemetallic mit Interieur in Hellbeige und rundum Holzdekor-Verkleidung. Zwei Jahre später kam der Ascona Voyage, der eben diese Aufmachung zumindest optional trug, sogar gepaart mit Vinyldach. Aber auch er war kein Erfolg.

Die Steinmetz-Commodore

Der erste Haus- und Hoftuner von Opel war Klaus Steinmetz. Der Arztsohn (1934-2009) hatte Benzin im Blut und studierte deshalb, zum Leidwesen des Vaters, nicht Medizin, sondern Maschinenbau. An der TU Stuttgart gründete er zusammen mit Kommilitonen eine Akademische Motorsportgruppe. Noch während er seine Diplomarbeit - er erfand eine neuartige Führung der Starrachse - verfasste, ergatterte er bereits einen Job bei Porsche im Fahrversuch, später im Rennwagenbau. Über den Porsche 356 Carrera Abarth, der in Turin bei Abarth gebaut wurde, blieb Steinmetz dort hängen, zusammen mit anderen deutschen Fahrern bildete er bis 1966 die »deutsche Kolonie« bei Carlo Abarth. Ende 1966 wechselte er zu BMW als Leiter einer noch aufzubauenden Rennabteilung, die 1968 und 1969 den Tourenwagen-Europapokal gegen die favorisierten Porsche nach München holte. Doch Porsche pumpte mehr Geld in den Motorsport als BMW. Zudem gab es damals den Trend, dass große Konzerne ihre Motorsportabteilungen ausgliederten und externen Spezialisten unterstellten. Hier kommt die Marke Opel ins Spiel, der Klaus Steinmetz die folgenden Jahre verbunden bleiben sollte. Aber als Externer. Nicht als Leiter einer offiziellen Opel-Rennabteilung. Denn die gab es damals noch nicht.

Zum 1. Januar 1970 gründete Klaus Steinmetz die Steinmetz-Automobiltechnik GmbH, unterstützt vom motorsportbegeisterten Opel-Verkaufschef Robert A. Lutz. Steinmetz entwickelte standardisierte Tuningkits für Opel-Fahrzeuge, warb dafür mittels Motorsporterfolg und genoss obendrein die wohlwollende Unterstützung von Opel.

Das Rezept war so einfach wie das Konstruktionslayout eines Opel Commodore A: Ein Commo GS 2800 kostete damals gut 12.000 D-Mark, von Steinmetz bekam man den Umbausatz zum Gruppe-2-Renner (Spezial-Tourenwagen) für rund 16.000 Mark. Ein Privatfahrer hatte also für 28.000 DM ein siegfähiges, bis zu 300 PS starkes Rennfahrzeug zum Preis eines serienmäßigen 180-PS-Porsche 911 S, der sportlich, aber im Rennen nicht siegfähig war. Laut Vertrag mit Opel erhielt Steinmetz alle Informationen und fachliche Unterstützung seitens der technischen Abteilung bei Opel und verpflichtete sich seinerseits zum Technologietransfer. Als Markenfarben wählte er gelb-schwarz, bis dato noch von niemandem verwendet, und das Steinmetz-Muster mit den auf der Haube gepfeilten und an der Flanke fortgesetzten Doppelstreifen sorgte auch auf damals noch üblichen Schwarz-Weiß-Fotos für einen Wiedererkennungseffekt.

Steinmetz ließ auch - als erster in der Tuningbranche - einen Katalog drucken, in dem man sich durch sein Angebot blättern konnte. Privatkunden war es nun möglich, einen Renn-Commo mit Steinmetz-Teilen aufzubauen und in der vorderen Liga mitzufahren. Fast alle basierten auf der Zweitürer-Limousine, aber es gab auch Wagen mit Coupé-Karosserie. Sie wurde selten gewählt, weil sie wegen der fehlenden B-Säule weniger stabil war.

Rekord im Ausgehanzug: Opel Commodore A

Die ersten Steinmetz-Einsätze auf der Rundstrecke erfolgten auf Kadett und GT in der kleinen und Commodore in der großen Division. Opel brachte eine 2000 Stück umfassende Sonderserie des Commodore GS für die Motorsport-Gruppe 2 (Spezialtourenwagen) heraus, gebaut ab April 1971. Der 2,8-Liter-cih aus dem Admiral leistete 145 PS, mit gehörigem Tuningpotenzial, je nach Ausbaustufe. Im Auslieferungszustand ab Werk waren die Wagen innen auf das Notwendigste abgemagert. Die Features der zweitürigen Limousine: Verbundglasfrontscheibe, Seiten- und Heckfenster aus Plexiglas, Recaro-Schalensitze, weder Heizung noch Dämmmaterial oder Zierteile, keine Stoßstangen, vereinfachte Türinnenverkleidungen, Überrollbügel, Stromkreisunterbrecherschalter zwischen den Sitzen, 80-Liter-Tank, enger gestuftes Getriebe, Sperrdifferenzial und sehr direkte Lenkung. Die Wagen wurden mit schwarzen, radkappenlosen Stahlfelgen ausgeliefert, weil Sportfahrer ohnehin spezielle Räder montierten. Lackiert waren sie in Zitrusgelb oder Kardinalrot. Diese Fahrzeuge wurden entweder individuell oder von Tuningbetrieben für Rennen präpariert. Die Gruppe-2-Kotflügelverbreiterungen stammten vom Opel-Stylingcenter, entwickelt namentlich von Anatole Lapine, die Tuner brachten sie individuell an. Damals hatten die Steinmetz-Commodore mit cih-Kopf gut 2,9 Liter Hubraum und waren mit ihren 250 bis 270 PS auf Anhieb konkurrenzfähig. Dank selbst gefertigter Plastiktüren und -hauben (zusätzlich zu den werksseitigen Plexiglasfenstern) reduzierte Steinmetz das Kampfgewicht auf 1170 Kilo.

Steinmetz leitete von den Rundstreckenboliden auch eine Straßenversion mit Kotflügelverbreiterungen, 180 PS stark und 205 km/h schnell (Tuningstufe II 2370 DM, Verbreiterung 1000 DM, Fahrwerkmodifikationen 640 DM anno 1971) sowie eine Rallyeversion mit 220 PS ab.

Unvergessen ist der Auftritt der Steinmetz-Commo-Armada beim 24-Stunden-Rennen in Spa-Francorchamps im Juni 1970, Startnummern 8 bis 11 der Teams Kauhsen/Fröhlich, Pilette/Gosselin, Haxhe/Toussaint und Prinz von Bayern/Boo Brasta. Zwei der Wagen noch mit 2870 cm^3, zwei bereits mit 2990 cm^3. Der Prinz kollidierte mit der Leitplanke, Pilette/Gosselin und Haxhe/Toussaint hatten Kupplungsprobleme; nach zwölf Stunden, immer ganz weit vorne, musste auch Fröhlich aufgeben, weil ihm schlecht wurde. In Spa kam kein Steinmetz-Commo an, aber die Wagen hatten sich im Rennzirkus etabliert und waren sympathisch. Und Steinmetz, der junge Rennstall, machte sich international einen Namen. Daneben gab es noch vier belgische Commodore Tourenwagen, eingesetzt vom dortigen Opel Racing-Team, und die belegten die Ränge 9, 10, 12 und 15.

Zur Saison 1971 kamen der Querstromkopf (der bis zu 300 PS ermöglichte), ZF-Fünfganggetriebe, hintere innen belüftete Scheibenbremsen vom Porsche 911, 13- statt 14-Zöller und weitere Modifikationen. Den Querstromkopf, bei Steinmetz entwickelt, bot auch Irmscher an. Gleichsam konnte sich Steinmetz vor Kundenaufträgen, auch für dicke Commodore, kaum retten. In Belgien begründete Vic Heylen das »Transeurop Gulf Racing Team«, seine Commos glänzten im klassischen

2000 Exemplare umfasste die Sonderserie des Commodore GS 2.8 vom April 1970, die Ausgangsbasis für die Gruppe 2 (Spezial-Tourenwagen). Die Kotflügelverbreiterungen hatten die Fahrzeuge nicht ex-Fließband, aber entwickelt und gestaltet wurden sie von Opel, nämlich von Anatole Lapine.

Dieter Fröhlich schaffte Platz 5 mit dem Steinmetz-Commodore auf dem Salzburgring am 11. April 1971.

Äußerst dynamisch, nur drei Räder am Boden: Gerd Koch auf Steinmetz-Commo beim Opel-Markenpokal 1970.

Gulf-Outfit hellblau mit orange. Auch die französischen Greder-Rallye-Commodore (weiß mit Streifen in den französischen Nationalfarben, schwarze Motorhaube, Vinyldach) wurden bei Steinmetz frisiert. Und ein weiterer Commo, das »Flugzeug«, war nach Indonesien verkauft worden und fuhr dort die Konkurrenz in Grund und Boden. Andere Tuner wie beispielsweise Conrero in Italien machten Ähnliches wie Steinmetz mit ähnlichen Resultaten, wobei Conrero auf Benzineinspritzung statt Vergaser setzte. Und dann war da noch Günther Irmscher mit seinem roten Commodore.

Die 24 Stunden von Spa 1971 – Steinmetz startete wieder mit vier Commodore – waren ein Totalausfall, ansonsten verlief die Saison prima für Steinmetz.

1993/94, anlässlich der Wiederbelebung des Traditionsnamens, ließ die neue Steinmetz GmbH in Aachen einen originalen Steinmetz-Commo 3000 von 1971 restaurieren, auch der Motor strahlt wie neu und dürfte um die 300 Pferde haben.

Ein Steinmetz-Commodore ist normalerweise eine Zweitürer-Limousine, denn er baut auf der 2000-Stück-Opel-Sonderserie auf. Ein Muss war dies aber nicht. Mit Steinmetz-Teilen ließ sich auch ein Coupé schaffen: der Wagen Wolfgang Tomics von Auto-Tomic in Wien auf dem Salzburgring im Herbst 1971. Das Coupé sah rassiger aus. Aber die Coupé-Karosserie war wegen der fehlenden B-Säule weniger verwindungssteif.

So gut 1971 war, die Saison 1972 wurde zum goldenen Jahr. Der Commodore B war noch nicht homologiert, Steinmetz rannte weiter auf Commo A, nunmehr mit Trockensumpfschmierung und in neuem, wieder bei Opel entworfenem Lapine-Design: »Goldy«, so der Spitzname, rannte in Goldmetallic mit weißen Flanken. 1973 waren die offiziellen Steinmetz-Commodore A nicht mehr am Start, nach wie vor aber Kundenfahrzeuge.

Abenteuerlicher Driftwinkel bei der Rallye Monte Carlo 1971. In der Damenwertung (Coupe des Dames) starteten Marie Claude Beaumont und Martine de la Grandrive auf Greder-Commodore GS und schafften den zweiten Platz. Szene am Col de Perty auf 1303 Metern.

Commodore GS vom Team Greder Racing als Serien-Tourenwagen bei der Rallye Monte Carlo 1970, pilotiert vom Damenduo Marie-Claude Charmasson und Martine de la Grandrive, 22. Platz in der Gesamtwertung.

Out of Rüsselsheim: Rekord C und Commodore A im Ausland

Märkte ohne eigene Automobilproduktion sind für die Hersteller immer besondere Märkte. Hier gibt es keine nationalen Platzhirsche, alle Importeure haben dieselben Chancen. Die Benelux-Staaten sind solche Märkte, auch Österreich und die Schweiz. In diesen Ländern haben sich sogar Hersteller etabliert, die in anderen Staaten gleich gar nicht oder erst viel später antraten. Unter den besonderen Märkten ist der schweizerische nochmals spezieller. Denn die Schweizer sind relativ wohlhabend, traditionell sehr qualitätsbewusst und sie haben unter den Staaten dieser Welt weder Freunde noch Feinde, weil sie politisch neutral sind.

Der Ranger

Dies alles haben die Verantwortlichen von GM bereits in den 30er Jahren abgewogen und beschlossen, im Alpenstaat einen Montagebetrieb zu eröffnen. Der erste GM-Wagen aus Bieler Produktion, ein Buick, verließ am 5. Februar 1936 das Fließband der neu gegründeten GM Suisse SA in Biel. Schon damals wurde ihm ein besonderes Emblem an den Kühlergrill montiert, das alle Bieler GM-Produkte auszeichnete: Ein stilisierter Alpengipfel mit der darunter platzierten Aufschrift »GM Montage Suisse«, quasi als Gütesiegel. Die Schweizer kauften die in ihrem Land produzierten Fahrzeuge sehr gerne, denn sie wurden als heimische Produkte angesehen, auch wenn sie aus importierten Komponenten zusammengesetzt wurden. Doch die Zulieferbetriebe kamen aus

Das eidgenössische Pendant zum Commodore GS/E hieß Ranger 2500 GTSi. Gut zu sehen ist der in die Rekord-Front einmodellierte Vauxhall-Grill.

der gesamten Schweiz. Die Bieler Opel, Vauxhall, Chevrolet, Buick oder LaSalle waren nie identisch zu den Fahrzeugen aus ihren Heimatproduktionsstätten. Irgendwelche Kleinigkeiten waren immer anders, und seien es nur die Lackfarben oder die Stoffe für die Innenausstattungen.

GM-Fahrzeuge waren in der Schweiz sehr gefragt, das Werk arbeitete fast immer an seinen Kapazitätsgrenzen, zumal GM Suisse zeitweise auch die Nachbarmärkte Österreich und Italien bediente, für den Export nach Jugoslawien war Biel ebenfalls zuständig. Dann kam die Europäische Wirtschaftsgemeinschaft (EWG), gefolgt von der EFTA, der Europäischen Freihandelszone, der auch die Schweiz beitrat. Durch diese trilateralen Verträge gab es keinen Grund mehr für GM, ein Werk in der Schweiz zu unterhalten. So lief am 14. August 1975 der letzte Wagen, ein Opel Rekord D Caravan, vom Bieler Fließband. 329.864 GM-Fahrzeuge wurden in Biel gefertigt.

Unter neuem Markenzeichen und mit geringen Karosserieretuschen vermarktete GM Ende der 60er und Anfang der 70er Jahre den Opel Rekord C und D als »Ranger«. Gebaut wurde er in der Schweiz, in Belgien und in Südafrika. Dort lebte der Ranger nur eine Rekord-Generation lang, nämlich als Rekord C. In der Schweiz und in Belgien gab es den Ranger auch noch zu Zeiten des Rekord D.
Der erste Ranger ist der südafrikanische aus Port Elizabeth, 1968 erschienen. Er war eine Art automobiles Puzzle: die Karosserien des Opel Rekord C (Zwei- und Viertürer, Coupé, viertüriger Caravan) wurden mit dem Doppelscheinwerfergrill des englischen Vauxhall Victor kombi-

Der schweizerische Commodore GTS von 1970 mit »GTS«-Logo an der C-Säule und ungewohnter, geradliniger Flankenzierleiste, die weder mit dem Hüftschwung korrespondiert noch mit der unteren Flankensicke, die nach hinten unten abfällt.

niert, die Innenausstattung entsprach dem Niveau des Opel Commodore und wurde mit US-Fauteuils aufgemöbelt. Die beiden Motoren, 2,1- und 2,5-Liter-Vierzylinder, waren Chevrolet-Konstruktionen. Von 1968 bis 1972 lief der südafrikanische Ranger in folgenden Versionen vom Band: Ranger 130 (2,1 Liter, 65 PS), 130 HC (173 PS) und Ranger 153 (2,5 Liter, 78 PS), je nach Ausstattung mit Drei- oder Vierganggetriebe, Lenkrad- oder Knüppelschaltung.

Im Januar 1970 wurde der schweizerische Ranger geboren, montiert in Biel. Er war weit »opeliger« als der südafrikanische, denn außer dem Vauxhall-Kühlergrill trug er nur Rüsselsheimer Komponenten. Die Motoren (1,9-Liter-Vierzylinder und 2,5-Liter-Sechszylinder) entsprachen dem Rekord C/Commodore A. Der Hintergrund für den schweizerischen Ranger war eine reine Marketing-Angele-

Südafrika: Ranger 153 von 1970, optisch dem Schweizer sehr ähnlich. Die schnurgerade verlaufende Seitenzierleiste ist ästhetisch störend, weil sie dem grundsätzlichen Design zuwiderläuft.

Ebenfalls ein Südafrikaner: Ranger 130 Station Wagon, die vierzylindrige Version mit gerade mal 65 PS, aber dem Drehmoment eines 2,1-Liter-Motors.

Auch unter dem Namen Opel wurde in Südafrika verkauft: Opel Rekord Panel Van, also der verblechte Caravan. Interessant: GM Südafrika schmückte ihn mit einem Commodore-Grill.

genheit. In der Schweiz gab es getrennte Händlernetze für Opel- und Vauxhall-Produkte, doch der Opel verdrängte den Vauxhall zusehends und die Vauxhall-Händler schrien nach einem Zugpferd. So bekamen sie den Ranger und verkauften quasi das gleiche Produkt wie die dortigen Opel-Händler, aber eben unter anderem Namen.

Das Gleiche geschah auf dem Benelux-Markt. Ab Herbst 1970 lief von den Fließbändern von GM-Continental in Antwerpen ebenfalls ein Ranger vom Band und wurde via Vauxhall-Händler in Belgien, Holland und Luxemburg vertrieben. Er entsprach dem schweizerischen Ranger und lieh sich, wie dieser, einige Zierteile vom Südafrikaner: das Markenzeichen (ein stilisierter Springbockkopf), Zierelemente, Radkappen etc. In den Benelux-Staaten mag auch etwas anderes als die reine Marketing-Strategie eine Rolle gespielt haben – nämlich die Wunden des Zweiten Weltkriegs: Der Ranger war das Auto für diejenigen, die einen Wagen von der Zuverlässigkeit eines Opel haben, aber eben partout keinen deutschen Wagen fahren wollten.
GM-Südafrika verzichtete beim Nachfolgemodell Rekord D auf den Markennamen Ranger und bot den Wagen als Chevrolet 2500 und 4100 an. Die beiden europäischen Ranger-Produktionsstätten vollzogen analog zu Opel den Modellwechsel zum Opel Rekord D/Commodore B Anfang 1972. Bis 1974 blieb er im Programm. Dann wurden die Opel- und Vauxhall-Händler zusammengelegt, und für den Ranger als Zugpferd für die Vauxhall-Schiene gab es keine Daseinsberechtigung mehr.

Ein bekannter Anblick, ein Rekord-C-Interieur. Doch auf der Lenkradnabe findet sich beim Ranger dessen Logo, der Kopf des Springbocks, und auf dem Handschuhfach ein roter »Ranger«-Schriftzug.

Ungewöhnlicher Schnappschuss: Einen Ranger sah man außerhalb der Schweiz oder der Benelux-Staaten nur als Urlauberfahrzeug. Der Fotograf des Neu-Ulmer Planungsamtes wollte den Baufortschritt der Stadtautobahn dokumentieren und drückte just auf den Auslöser, als ein Ranger die Szenerie passierte, gefolgt von einem Ford Consul.

Vom Volksauto zum Kultobjekt: Chevrolet Opala

Die zentral- und südamerikanischen Staaten und somit auch Brasilien galten bis in die 80er Jahre hinein als Entwicklungsländer – auch auf automobilem Sektor. Abseits der großen Städte war das Straßennetz nicht gut ausgebaut, Überlandstrecken waren zum größten Teil unasphaltiert. Für diese Märkte genügten einfache Fahrwerke mit hinteren Starrachsen und Blattfedern. Diese Produktphilosophie vertraten alle Autokonzerne, die dort Montagebetriebe unterhielten, allen voran GM und Ford: Während ihre Neuentwicklungen für den europäischen und nordamerikanischen Markt immer mehr verfeinert wurden, entsorgten sie die Produktionseinrichtungen für die jeweiligen Vorgängermodelle in Mittel- und Südamerika sowie in anderen Entwicklungsländern. Es war ein einträgliches Geschäft – bis GM do Brasil sich entschloss, den hochmodernen Mittelklasse-Opel vom Band laufen zu lassen: Keine veraltete Technik, sondern ein modernes Fahrzeug nach den Maßstäben auch der Industriestaaten. Er hieß Chevrolet »Opala«, und war ein dem brasilianischen Markt und den lokalen Gegebenheiten und Bedürfnissen angepasster Opel Rekord C, vielleicht der erste moderne GM-Wagen für Südamerika. Er hatte die ideale Größe für einen Familienwagen, war perfekt motorisiert, komfortabel genug, um den gehobenen Ansprüchen zu genügen und stabil genug, um die oftmals vorhandenen Schlaglochpisten zu verkraften. Die Brasilianer liebten diesen Chevrolet, er wurde zum Volksautomobil der brasilianischen Mittelschicht und wurde 24 Jahre lang gebaut. Das machte die Baureihe Rekord C/Commodore A/Chevrolet Opala zum zahlenmäßig erfolgreichsten Opel: Fast 1,3 Millionen Rekord C wurden gebaut, dazu kamen 150.000 Commodore A und der Chevrolet Opala mit knapp über einer Million Einheiten, zuzüglich der »Ranger«-Ausführungen.

Der Rekord C konnte nicht eins zu eins nachgebaut werden, sondern musste an den lokalen Markt angepasst werden. GM do Brasil entschied sich für niedrig verdichtete amerikanische Maschinen, gut für den niedrigoktanigen, brasilianischen Treibstoff. So waren die Opala zwar großvolumig, aber leistungsarm. Dafür hatten sie ein famoses Drehmoment und die Motoren waren standfest und zuverlässig. Der modifizierte 2,5-Liter-Vierzylinder stammte vom Chevrolet Nova. Ihn

Der Ur-Opala: Version 1969 mit viel Chrom im Grill. Ein Riesenerfolg vom ersten Tag an.

wollte kaum jemand haben, er lief rau und war nur kurz im Angebot: Die Brasilianer wollten sechs Töpfe unter der Haube. Diese bot der gleich große »Iron Duke« von Pontiac. Ebenfalls sechszylindrig, aber mit deutlich mehr Hubraum (3,8 Liter) präsentierte sich der »Straight-Six«-Motor mit 125 PS. Er wurde während des Opala-Lebens auf 4,1 Liter und 140 PS aufgebohrt. Die 3,8-Liter-Version war der Bestseller, und mit über 180 km/h Höchstgeschwindigkeit war er das schnellste brasilianische Serienauto. Die komplette Technik übernahm der Chevrolet Opala vom Opel Rekord C, Front und Heck gestalteten die Brasilianer aber neu. Weil er ein so anspruchsloses Auto mit einem flächendeckenden Service war, entwickelte sich der Chevrolet Opala zum idealen Behördenfahrzeug. Er war der typische Polizei-Streifenwagen der 70er und 80er Jahre und das populärste Taxi im Lande.

1970 erfolgte das erste leichte Facelift, der übermäßige Chrom im Grill wich sachlichem Schwarz und die Sportversion »Opala SS« kam auf den Markt: strafferes Fahrwerk, Stahlgürtel- statt Diagonalreifen, Viergang-Getriebe, vorne Scheibenbremsen, mattschwarze Kriegsbemalung à la Commodore A GS/E. Im SS feierte der aufgebohrte »Straight-Six« mit 4,1 Litern sein Debüt. Fürderhin sollte der Opala SS bei keinem Drag Race, keinem Straßen- und auch keinem Langstreckenrennen mehr fehlen, und GM do Brasil nahm eine getunte Straßenversion auch ins offizielle Programm auf, den »Opala/E« mit Magnesium-Felgen und Sportfahrwerk.

Der Commodore GS/E lässt grüßen: Opala SS von 1971 mit 4,1 Litern, straffer gefedert, Stahlgürtelreifen, vorne Scheibenbremsen. Und natürlich die Bemalung à la Muscle Car.

Etwas sachlicherer Grill mit mehr Schwarz: Opala de Luxo 1971 mit 3,8-Liter-Sechszylinder.

Bis 1970 bot GM do Brasil nur die Viertürer-Limousine an, legte dann auch das Coupé auf Band und 1975 dann den dreitürigen Caravan mit eigenständigem Heck mit vier runden Rücklichtern.

Die Opala-Familie auf dem Deckblatt des 1971er Prospektes: oben das Standardmodell, mit Vinyldach der de Luxo, dann der wilde SS, und unten die magere Version mit 2,5-Liter-Vierzylindermotor und einfacher Ausstattung.

Das zweite Facelift erfolgte 1977 – Kühlergrill, Scheinwerfer und Blinkereinheit waren nun voneinander getrennt. 1979 degradierte GM den Namen »Opala« zur Bezeichnung für das Grundmodell, die besser ausgestattete Version hieß nun »Comodoro« (mit einem m geschrieben, der ehemalige »Opala de Luxo«).

Familienfoto einige Jahre später, und die Familie ist merklich größer geworden: der 1978er Jahrgang, nunmehr mit Coupé und Caravan, und selbst ihn gab es als heißen SS.

1980 folgte das dritte Restyling, gekennzeichnet durch Breitbandscheinwerfer, riesige Rückleuchten, massive Stoßfänger und eine gar nicht zum Coke-Bottle-Stil passenden, schnurgeraden Seitenzierleiste. Das Topmodell hieß nun »Diplomata«.

Totgesagte leben lang: Chevrolet Diplomata von 1980, ein schwer modifizierter Rekord C, aber nach wie vor mit dessen Rohkarosserie. Und er sollte nochmals zwölf Jahre vor sich haben!

Überhaupt wurden die Wagen immer luxuriöser und bekamen in ihre altmodischen Karosserien moderne Technik implantiert, wie Fünfgang-Getriebe und Klimaanlage.

Der Kombi wurde kreiert, als der Rekord C längst entschlafen war, und deshalb teilt sich der Opala Kombi mit seinem Organspender im Heckbereich kein Karosserieblech, sondern ist eine völlig eigenständige Kreation. Im Bild ein Comodoro von 1982.

Ab 1982 gab es eine mit Ethanol betriebene Version des Motors und 1987 ein viertes und letztes Facelift. Es brachte eine herabgezogene Motorhaube, neu gestaltete Scheinwerfer und Kunststoff-Stoßfänger anstelle verchromter Stoßstangen. Im Interieur hielt das digitale Zeitalter mit einem Bordcomputer Einzug; nur der »Diplomata SE« war aber mit Frontspoiler, Vierstufenautomatik und neuem Armaturenbrett zu

Nur mit viel Phantasie sind an diesem Interieur noch Reminiszenzen des alten Rekord C erkennbar: Innenraum des Comodoro von 1985.

haben. Ganz zum Schluss, im letzten Modelljahr 1991/92, erhielten alle Opala-Varianten rundum Scheibenbremsen, legten den letzten Chromschmuck (rund um die Scheiben) ab und sachliches Schwarz an, der Kunststoffkühlergrill war fortan in Wagenfarbe lackiert. GM do Brasil sprach von der »Shadow Line«.
Der einmillionste Opala trat genau drei Wochen vor dem Produktionsauslauf am 16. April 1992 in den Ruhestand. Er hatte ihn sich wirklich verdient.

Hecho en México: Opel Olimpico und Fiera

Die GM-Marke Buick hatte als erste offiziell einen mexikanischen Montagebetrieb eröffnet, nämlich 1937. GM Mexico produzierte dort Chevrolet Last- und Personenwagen, ab 1940 auch Pontiac und Oldsmobile. Ab 1950 machte GM sein Portfolio komplett und montierte in Mexiko neben Buick und Cadillac auch erstmals den Opel Olympia. Dabei handelte es sich ausschließlich um Lizenzbauten von Modellen, welche die europäischen und amerikanischen Konzerne auf ihren Stammmärkten bereits aussortiert hatten. Erst 1961 gab es das erste in und für Mexiko konstruierte Fahrzeug, einen kleinen Pickup namens Ramirez Rural, und mit ihm kam ein Wechsel in der Importpolitik: Mexiko verlangte nun, dass ein Großteil der Wertschöpfung im Land zu erfolgen hatte, 60 Prozent wurden staatlicherseits verlangt.

Das bedeutete: Immer mehr Komponenten mussten vor Ort produziert werden (»hecho en México«) wie Lacke, Stoffe für die Innenausstattung, Reifen und elektrische Bauteile wie Batterie, Radios et cetera.
Mexiko war seit 1912 Opel-Land, die Mexikaner kauften gerne Opel. Als Opel 1962 sein hundertjähriges Bestehen feierte, gab Rüsselsheim interessante Zahlen bekannt. So wurden innerhalb der vorangegangenen 50 Jahre 20.579 Wagen nach Mexiko exportiert, fast genauso viele wie nach Italien (20.899 Wagen).

Charmantes Treiben auf mexikanischen Straßen, aufgenommen im Dezember 1971: In Bildmitte ein '65er Chevrolet Taxi, links ein in Mexiko gebauter Rekord C mit dem originalen Rekord-Grill, also ein Olimpico, denn der Fiera trug den Commodore-Grill. Rechts entschwindet ein augenscheinlich sehr gut erhaltener Pontiac Star Chief von 1957.

Rekord im Ausgehanzug: Opel Commodore A

Zwei Opel Olimpico alias Rekord A mit bebügelten Stoßstangen nebeneinander auf mexikanischem Boden.

Das Hauptgeschäft machte GM-Mexico mit Chevrolet-Fahrzeugen. Als Einstiegsmodell wurde Anfang 1962 die Montage des Opel Rekord begonnen, der dort »Olimpico« hieß, im Vorgriff auf die Olympischen Spiele, die 1968 in Mexiko stattfinden sollten. Er entsprach hundertprozentig dem deutschen Original, bis auf ein paar optische Unterschiede: Die Stoßstangen trugen »Exportbügel«, wie weiland diejenigen des VW Käfers, und die Zweifarbenlackierung war für europäische Augen ungewöhnlich abgesetzt: Nicht nur das Dach, auch die Partie um den Kofferraumdeckel und dieser selbst trug die Komplementärfarbe, und statt mit »Rekord« war der Wagen mit »Olimpico«-Schriftzügen versehen.
1962 lieferte Rüsselsheim 6432 unmontierte Rekord P II in Überseekisten nach Mexiko, darunter 2904 Zweitürer, 2760 Viertürer und 768 Lieferwagen. Vom Rekord A wurden 4704 Pkw und 528 Lieferwagen anno 1963 sowie 6483 Pkw im Jahre 1964 (inklusive 1104 Coupés) montiert, die Typbezeichnung lautete Opel »MX-1 Fiera«. Nachdem GM Mexiko ab 1965 sein Werk in Mexiko-City vom Montagebetrieb auf Eigenproduktion umstellte, entstanden 1966 22.309 Rekord B ali-

Mit speziellen Radkappen versehen, die es in Deutschland nie gab: Opel Fiera 1972, die Sechszylinderversion, die optisch dem Commodore A entsprach.

as Olimpico mit dem 2,2-Liter-Vierzylindermotoren aus dem Chevrolet Chevy II.

Der Rekord C folgte 1967 mit 5208 Fahrzeugen, 1968 und 1969 waren es 6240 Stück. Danach produzierte GM den Rekord C aus ausschließlich im Land gefertigten Teilen. Angeboten wurde er als Zwei- und Viertürer, als Coupé und als Lieferwagen, nicht aber als Caravan. Er war eine Mischung aus deutschem Rekord (Karosserie und Ausstattung) und brasilianischem Chevrolet Opala (Motoren). Das Grundmodell hieß »Rekord« und trug den Motor des Chevrolet Chevy II (2120 cm³, 80 PS), darüber rangierte der Opel »Olimpico« mit 2507-cm³-Vierzylindermaschine und 90 PS aus dem Chevrolet Nova. Topmodell war der sechszylindrige Opel »Fiera« mit der »Iron Duke«-Maschine vom Pontiac, 3769-cm³-Sechszylinder mit 145 PS. Das Coupé gab es in einer Sportversion namens Opel »Fiera SS« mit Kriegsbemalung à la Commodore A GS/E, und er teilte mit dem Commodore auch die Ausstattung und den »Commo-Grill«. Als spezifische Extras gab es unter anderem schwarze Kunststoff-Lufthutzen für die Motorhaube und Sportradkappen im Magnesium-Stil. Der Opel Rekord C war bis Herbst 1972, also etwas länger als in Deutschland, Bestandteil der mexikanischen GM-Palette.

Entsprechend in Szene gesetzt: Opel Fiera SS des letzten Baujahrs 1972 in zeitgenössischer Werbung von GM Mexico.

Feurig und heiß, die mexikanische Interpretation des Commodore GS/E: Opel Fiera SS, befeuert vom 3,8-Liter-Sechszylinder aus dem brasilianischen Chevrolet Opala mit 145 PS.

Kapitel 10

Der Rekord D symbolisiert die neue Sachlichkeit bei Opel. Er lässt den Bombast vergangener Tage hinter sich und läutet das Vernunftzeitalter ein. Ein richtig deutsches Auto war der Rekord – mit all seinen Anlagen: die vom amerikanischen (!) Designer Charles M. Jordan gezeichnete ebenso funktionale wie elegante, fast schon fragile Karosserie ohne jeden Schwulst, ein aufgeräumtes Interieur mit genügend Platz, ein familientauglicher Kofferraum. Opel löste sich vom GM-Formendiktat und den barocken Formen des Vorgängers.

Nicht länger langweilige Autos

Charles »Chuck« M. Jordan, gestorben 2010 im Alter von 83 Jahren, hatte für General Motors zum Beispiel die '58er Chevrolet Corvette, und die Haifischflossen der Cadillac Ende der 50er und Anfang der 60er Jahre wie die legendären Kulttypen '63 Buick Riviera und '67 Cadillac Eldorado gezeichnet. Der Mann mit einem Händchen für aufregendes Autodesign verbrachte drei Jahre am Main, von 1967 bis 1970 war er der Designdirektor der Opel-Werke. »Keine langweiligen Autos«, lautete sein Motto, und während seines Intermezzos bei Opel entstanden drei Fahrzeuge, das Duo Opel Ascona A / Manta A sowie der Rekord D, der die Ascona-Stilelemente zur Vervollkommnung brachte.
Beiden Wagen sieht man die stilistische Verwandtschaft auf den ersten Blick an. Der Kühlergrill läuft spitz zu, die Breitbandscheinwerfer sind räumlich von ihm getrennte Einheiten. Die lange, durch eine mittige Sicke pfeilartig unterstrichene Motorhaube wirkt Kraft einflößend. Große Fensterflächen lassen den Innenraum großzügig und hell wirken. Seitlich erreichte Jordan die großen Scheiben beim Rekord dadurch, dass er die Gürtellinie nicht gerade durchzog wie noch beim Ascona, sondern nach unten in die Flanken hinein abfallen ließ. Damit tat er genau das Gegenteil dessen, wodurch der Vorgänger Rekord C charakterisiert war: den Hüftschwung, welcher die hinteren Seitenfenster verkleinerte. Jordan schuf durch diesen Geniestreich eine aufgelockerte Flanke, was dem Opel Rekord D trotz seiner Mittelklassemaße eine stilistische Leichtigkeit verlieh, die eigentlich nur italienischen Fahrzeugen zu eigen ist. Der Opel Rekord D war in Bezug auf sein Styling ein wahrhaft großer Wurf. Das Design seines Vorgängers war durch den Coke Bottle Style pure Mode (und geriet dadurch logischerweise sehr schnell aus der Mode), sein Nachfolger Rekord E war vom Windkanal diktierte Vernunft ohne Rücksicht auf Eleganz, aber der Opel Rekord D war ein ästhetisch schönes Auto. Trotzdem er kleinere Dimensionen hatte als sein direkter Konkurrent aus Köln, trotzdem er härter gefedert war als dieser, trotzdem er eine starre Hinterachse hatte und der Kölner eine aufwändige hintere Einzelradaufhängung – die Käufer gaben dem Opel den Vorzug. Er ging weg wie warme Semmeln und sein Luxusäquivalent Commodore verkaufte sich ebenfalls bestens.

Ansatzweise ein Rekord D, und doch meilenweit davon entfernt. Wüsste man nicht, dass es eine Rekord-D-Stylingstudie ist, so könnte man den Wagen auch für einen Holden oder einen kleinen Amerikaner halten.

Schon wesentlich näher am späteren Serienprodukt. Die Frontgestaltung orientiert sich am Admiral B.

»Rekord II«, nicht »Rekord D«

In der Werbung nannte Opel den Neuen anfangs »Rekord II«, damit keine Verwechslungen mit einem Dieselauto aufkommen konnten. Tatsächlich sollte der D-Rekord ab September 1972 der erste Opel mit Dieselmotor werden. Doch zunächst setzte Opel auf die bewährte Technik: leicht modifizierte Vorderradaufhängung mit breiterer Spur, die zwar sauber geführte, aber nach wie vor starre Hinterachse wurde beibehalten, die Stoßdämpfer standen nun aufrecht. Dennoch wurde aus dem konservativen Fahrwerk das Beste herausgeholt, und der Rekord lag gut auf der Straße.

Erkennungsmerkmal Heckschriftzug. Ganz am Anfang, 1972, als es noch keinen Diesel gab, propagierte Opel seinen Neuen als »Rekord II«, um möglichst die Verwechslung mit einem Dieselfahrzeug zu vermeiden.

Erkauft wurde dies freilich durch Komforteinbußen. Bei der Unfallsicherheit half bei dieser Rekord-Generation erstmals der Computer, der die Karosseriestabilität berechnete, die Sicherheitslenksäule wurde nachgiebiger gestaltet als beim C-Rekord. Leicht weiterentwickelt wurden die Motoren. Die H-Motorenreihe des Sprint wurde aufgegeben. Die 1700er-Maschinen leisteten zunächst etwas mehr (66 PS), die PS-Zahl wurde im Rahmen der Ökologiediskussion und der Reduzierung des Bleigehalts im Treibstoff jedoch wieder auf 60 PS reduziert. Der 1,7-Liter-S-Motor kam auf 83 PS, der 1900er SH mit Hydrostößeln (Ventile mussten nicht eingestellt werden) auf 97 Pferde. Ab Herbst 1975 wurde das Motorenangebot durch einen 2-Liter-S-Motor mit 100 PS ergänzt, der sich schnell zur meistverkauften Variante entwickelte. Gleichzeitig entfiel die 1,7-Liter-S-Variante, der 1,9-Liter-SH-Motor leistete nur noch 90 PS (in der Schweiz und in Schweden 88 PS). Als Ersatz für den 1700-S-Motor kam ein gleich

Im Detail Veränderungen, auch 2 Liter Hubraum mittlerweile. Aber generell nichts Neues: Auch den Rekord D trieb die cih-Motorengeneration an, und daran sollte sich lange nichts ändern.

starkes 1900-N-Aggegat mit 75 PS. Im Rekord D war Lenkradschaltung anfangs Standard (beim Diesel stets), Knüppelschaltung optional, nur beim Coupé serienmäßig, jeweils Vierganggetriebe. Im Laufe der Weiterentwicklung entfiel die Lenkradschaltung. Der Automatikwählhebel saß auf der Mittelkonsole. Im Rekord D wurde die gleiche Opel-eigene Automatik wie im Vorgänger verbaut, Typ TH180 mit drei Fahrstufen, produziert im Opel-Werk Strasbourg.

Neben der zwei- und viertürigen Limousine, dem drei- und fünftürigen Caravan sowie dem dreitürigen Lieferwagen gab es wieder ein Coupé, diesmal nicht im Fastback-Stil wie beim Rekord C, sondern einfach mit schräger gestellten Scheiben, niedrigerem Dachpavillon und rahmenlosen Türfenstern. Die B-Säule, wenngleich diskret ausgeführt, blieb immer stehen, sodass der Hardtop-Effekt des Vorgänger-Coupés bei geöffneten Seitenfenstern passé war. Das Coupé sah elegant aus, unterschied sich aber auf den ersten Blick nicht besonders von der Limousine. Trotz aller Eleganz aber waren die Coupé-Käufer ein wenig enttäuscht: So rassig wie der Vorgänger war das neue Coupé nicht, es war ihnen fast zu brav. Der Caravan mit seinem rundlich gezeichneten, fast schon coupéhaften Heck wurde allgemein als elegant bezeichnet.

Doch gerade diese Eleganz ging zu Lasten des Ladevolumens. Wer tatsächlich Transportkapazitäten benötigte, griff eher zum Ford Consul/Granada Turnier. Nur den viertürigen Caravan offerierte Opel mit dem L-Paket, der Zweitürer musste mit Standardausstattung vorliebnehmen. Laut Produktionsstatistik gab es einen Lieferwagen und fünf Caravan mit 2,8-Liter-Motor, einer davon ein Geschenk des Werkes an die Olympioniken des Deutschen Skiverbandes, die von Opel gesponsert wurden.

Der Rekord D trug wieder ein Zweispeichenlenkrad (das beim Vorgänger bereits durch ein Dreispeichenvolant ersetzt worden war). Nett war, dass die Innenausstattung, wenn nicht schwarz, stets zweifarbig angelegt war: Armaturenbrett und die Oberkanten der Innenverkleidungen waren, unabhängig von der Interieurfarbe, schwarz. Und schon in der Basisausstattung trug der Rekord eine Mittelkonsole.

Der Caravan mit weich gezeichnetem, fast schon coupéhaftem Heck. Sah recht elegant aus, konnte aber dem Ford Granada Turnier in Sachen Ladekapazität nie das Wasser reichen.

Prinzipiell zwei Mal das gleiche Armaturenbrett. Einmal mit bravem Zweispeichenlenkrad und nur wenig Holzdekoration auf der Mittelkonsole,...

...zum anderen sehr edel im Berlina mit viel Holz und Vierspeichenvolant. Automatik weisen beide Fahrzeuge auf.

Die Ausstattungslinien

Wie bisher gab es anfangs den jetzt sehr reduzierten Basis-»Rekord«, den »Luxus« und den »Sprint« als sportlich ausgestattete Variante. Sie wurde im Gegensatz zum Vorgänger nur noch als Coupé angeboten und hatte keinen leistungsstärkeren Motor mehr. Die Bezeichnung stand nicht mehr für ein eigenständiges Modell, sondern für Ausstattungsmerkmale: Gelochte Stahlfelgen mit Radkappen und Zierringen, 185/70 SR 14-Gürtelreifen, Gasdruckdämpfer, mattschwarz gehalten waren Motorhaube (optional), doppelter Seitenstreifen und Grill, innen Gurte, Drehzahlmesser, Voltmeter, Öldruckmesser und Sportlenkrad. In den letzten Jahren gab es die Sprint-Ausstattung auch für den Caravan, allerdings ohne Seitenstreifen und Gasdruckstoßdämpfer.

Der Rekord N, also das Basismodell, hatte alles, was man zum Fahren benötigt, aber nicht viel mehr. Vernünftig ausgestattet – in Bezug auf die Wagenklasse – war der Rekord L: Teppichboden, Mittelarmlehne hinten, kippbarer Innenrückspiegel, Makeup-Spiegel in der Beifahrersonnenblende, Beleuchtung für Handschuhfach, Aschenbecher und Motorraum, abschließbarer Tankdeckel und äußerlich wesentlich mehr Chrom: an den Radläufen, eine breite Leiste am unteren Karosserieabschluss, auch hinter den Hinterrädern, an den Regenleisten, rund um die Seitenfenster, dazu Radzierringe (durch die, zusammen mit den Zierdeckeln, die gesamte Felge abgedeckt wurde) und Gummistoßstangenhörner. Nur der Sprint trug Felgen mit 15 runden Löchern, alle anderen mit länglichen Schlitzen.

Mit den jährlich steigenden Preisen wurde die Ausstattung angehoben, eine Antwort auf die komplett ausgestattete japanische Konkurrenz.

Ab Sommer 1975 erweiterte Opel die Garantieleistung auf ein Jahr ohne Kilometerbegrenzung als Reaktion auf den Vormarsch von Ford. 1975 wurde der Rekord behutsam überarbeitet. So trugen nun alle Mo-

Der luxuriöseste Rekord D, die Berlina-Version ab Modelljahr 1975, hier als Exportmodell mit Rechtssteuerung.

Lady in black: Opel engagierte Models in heißem Leder für die Präsentation des Coupés…

…doch die Käufer waren meist etwas älter und konservativer gekleidet. Denn das Rekord Coupé wurde weniger als sportlicher, sondern eher als eleganter Wagen gesehen. Die Peilstäbe auf den hinteren Stoßstangen ergeben Sinn beim Einparken. Der Fahrer sieht, wo sein Auto aufhört.

delle die gelochten Felgen, die zuvor dem Sprint vorbehalten waren, dazu Gürtelreifen, Verbundglasfrontscheibe, heizbare Heckscheibe, Drehstromlichtmaschine, Gummiauflagen auf den Stoßstangen anstelle der Gummihörner, das Standardmodell wurde mit Vliesteppich (statt Gummimatten) aufgewertet. Das L-Modell nunmehr mit Liegesitzen und Kopfstützen, Quarzuhr, Holzimitat rund um die Instrumente und an der Konsole. Übertroffen wurde das L-Modell ab September 1974 vom Rekord »Berlina« (nicht für Caravan) mit Velourssitzbezügen und besonders flauschigem Teppich, die Interieurs in Rot, Beige oder Schwarz (im letzten Modelljahr auch Blau), Teppich auch auf Hutablage und in der Konsole, dazu vordere Türtaschen, ein Vierspeichenlenkrad und von innen verstellbarer Außenspiegel. Beim Berlina gab sich Opel zusätzliche Mühe bei der Geräuschdämmung. Von außen, neben dem Schriftzug, erkenntlich durch H4-Scheinwerfer, Stoßstangenhörner und seitliche Zierleisten mit Gummieinlage.

Die Rekord-Werksextras waren auf üblichem Niveau: Halogen-Scheinwerfer und -nebelleuchten, Nebelschlussleuchte, manuelles Stahlkurbeldach mit Belüftungsstellung, rechter Außenspiegel, Vinyldachbezug (nur schwarz, nicht Caravan), Scheinwerfer-Wischer, beheizbarer Fahrersitz, diverse Radios mit Scheibenantenne, Anhängekupplung, Niveauregulierung und speziell für den Caravan große Dachgalerie, Heckscheibenwischer und Innenraumfangnetz.

Opel feierte im September 1976 die Million mit dem Rekord »Millionär« mit nochmals verfeinerter Berlina-Ausstattung.

Sondermodelle zur Krisenbewältigung

Während des Lebenszyklus' des Rekord D geschah die Ölkrise 1973/74, durch die Konjunkturschwäche brachen die Rekord-Verkäufe um die Hälfte ein. Dem begegnete Opel durch immer neue Sondermodelle. Anlässlich des millionsten Rekord D lancierte Opel im September 1976 den Rekord »Millionär« mit 2-Liter-Motor und erweiterter Luxusausstattung auf Berlina-Basis. Beworben wurde er in hellem Kaschmirgelb, so blieb er in Erinnerung, doch es gab ihn in sechs Farben (Pastellbeige, Polarweiß, Pastellblau, Lindgrün, Royalrot). Opel packte hinein, was in einen Rekord passte: Halogenscheinwerfer mit Wischern, Nebelschlussleuchte, elektrische Kofferraumdeckelöffnung, alle Sprint-Instrumente (Drehzahlmesser, Voltmeter, Öldruckmesser). Stolz trug er einen »Millionär«-Schriftzug seitlich auf den Vorderkotflügeln. Den Millionär gab es zwei- und viertürig, optional mit Automatik. Gleichzeitig offerierte Opel einen speziellen und ähnlich ausgestatteten Millionär-Caravan, der Stoff- statt Velourspolster sowie eine Niveauregulierung aufwies.

Anderthalb Jahre vor Produktionsschluss gab Opel dem Rekord D einen Kaufanreiz und lancierte das separate Sondermodell »Maharadscha« (März 1976, Viertürer, 2 Liter, 185er-Reifen, Radio).

Im März 1976 kam das Sondermodell »Maharadscha«. Der Name klingt zwar gut, ist aber in der westlichen Kultur kaum verwurzelt, ein hinduistischer, indischer Fürstentitel. Ob Opel wusste, dass nur fünf Jahre vor Lancierung dieses Sondermodelle der Titel des Maharadscha in Indien abgeschafft worden war?

Im Rahmen der »Rekord-Show 77« im März 1977 erschienen gleich vier besondere Rekord: Der »Hit-Rekord« 1,9 mit Automatikgurten, Verbundglasfrontscheibe, 175 SR 14-Reifen, heizbarer Heckscheibe, Vliesauslegeware, Quarzuhr und Knüppelschaltung basierte auf dem Grundmodell. Ein Rekord Berlina mit erweiterter Ausstattung war der »Top-Rekord«, und der »Sport-Rekord« war ein Coupé, das mit den Kleeblatt-Alus des Commodore brillierte, darüber hinaus zwei Sportaußenspiegel, schwarzer Sprint-Grill, auch dessen Zusatzinstrumentierung und der dünne Flanken-Doppelstreifen vom Commodore GS. Schließlich kreierte Opel als viertes Modell der »Rekord-Show 77« den »Nutz-Rekord«, ein zwei- oder viertüriger Caravan mit ein paar Zusatzleckerli.

Ein Rekord mit Ronal-Kleeblatt-Alus ab Werk: Das ist das Sondermodell »Sport«, nur als Coupé lieferbar. Im März 1977 kamen gleich vier Sonder-Rekord, um den Absatz anzukurbeln, bevor im Herbst der Nachfolger das Zepter übernahm.

Vom Rekord L gab es zwei weitere Sondermodelle: Ziemlich am Anfang, im September 1973, erschien der »Gipfelstürmer« auf Basis des zweitürigen Standardmodells, angereichert mit einigen Goodies der L-Ausstattung und optional mit Automatik, lieferbar in den Signalfarben rot, gelb, grün oder blau. Und zwischendurch kam noch als Langweiler-Sondermodell der »Ferien-Rekord«, ein zweitüriges Grundmodell mit ein paar Attributen des Rekord L.

Prinzipiell verkaufte Opel den Rekord D zwischen Dezember 1971 und Juli 1977 gut. Dennoch kündigte sich an, dass in dieser Klasse der Sechszylindermotor eine immer größere Rolle spielen würde und das eigentliche Mittelklassemodell von Opel der Ascona war. Der Rekord D war die letzte Generation, von der behauptet werden konnte, der Rekord sei bei Opel das Volumenmodell. Produktionszahlen: 858.551 Limousinen, 183.550 Caravan, 12.108 Lieferwagen, 73.987 Coupés. Insgesamt wurden 1.128.196 Rekord D inklusive der im Ausland montierten Wagen hergestellt, der Löwenanteil lag beim 1,9-Liter-S-Motor.

Rekord im Hawaiihemd: ein typisches Händler-Sondermodell. Das ist der Rekord D Hawaii des Münchner Händlers Häusler, gelb mit orangefarbenen Streifen, und sogar der Ausstellungsraum ist entsprechend dekoriert. Gar nicht zum Charakter des Autos wollen die Lammfellbezüge passen, die Häusler seinem Hawaii spendierte.

Anschlag auf die Stuttgarter Übermacht am Taxistand

Mit dem Rekord Diesel versuchte Opel, die Mercedes-Übermacht am Taxistand zu brechen. Der Selbstzünder schlug sich wacker, doch Taxler schworen weiter auf den Stern. Mercedes hat so vieles erfunden. Vom Auto als solchem mal ganz abgesehen, unter anderem auch den Diesel-Motor für den Personenwagen. Das war 1936, und dankbare Abnehmer waren in erster Linie Taxifahrer und Bauern, die den steuerbegünstigten Traktor-Diesel direkt in ihren Mercedes füllten. Ein Auto für Jedermann war ein Diesel nicht. Nach allgemeiner Meinung waren solche Motoren schlappe Metallklumpen, nagelten, rußten, stanken, vibrierten und waren unkultiviert. Und wer einen Diesel fuhr, bekam beim Tanken ölige Hände, kurzum: Man musste sich eines Diesels schämen.

Der wohl bekannteste Opel-Rekord-D-Fahrer war der damalige deutsche Bundeskanzler Helmut Schmidt. Als Dienstwagen nutzte er einen Mercedes 350 SEL W 116, als Privatwagen fuhr Schmidt einen viertürigen Opel Rekord D 1900 in L-Ausstattung. Als Schmidt dafür warb, dass die Autofahrer Sicherheitsgurte anlegen sollten, ließ er sich 1977 im privaten Rekord ablichten.

Der Buckel auf der Motorhaube ist das optische Erkennungsmerkmal des Rekord Diesel. Eigentlich wird eine solche Ausbuchtung mit Sportlichkeit verbunden und hätte eher dem Commodore gestanden (der nie in diesen Genuss kam). Der Buckel war nötig wegen des höher bauenden Motors mit obenliegender Nockenwelle.

Mit dem Dieselmotor sprach Opel in erster Linie die Taxifahrer an,...

... und im Export natürlich auch Gewerbetreibende, die Lieferwagenkunden waren. Privatleute kauften damals sehr selten einen Diesel. Und wenn, dann einen Mercedes.

Das änderte sich in den 70er Jahren, und Opel gehörte mit dem 1972 lancierten Rekord »2100 D« zu den Vorreitern der Diesel-Manie, welche die 80er beherrschen sollte (auch in den USA). Der Opel-Diesel schöpfte aus 2,1 Litern Hubraum 60 PS, und die Rüsselsheimer entschieden sich nicht für Vorkammer-Maschinen wie Daimler-Benz, sondern für das Wirbelkammerprinzip. Dieses Verfahren ermöglicht mehr Leistung wegen höherer Drehzahlen. Ein Vorkammer-Diesel nagelt zwar weniger, dreht aber auch ungern hoch und verdammt den Fahrer zu häufigem Schalten, weil sein günstiges Drehmoment in einem eng begrenzten Drehzahlbereich liegt.

Noch bevor der Rekord Diesel erschien, wollte Opel mit einem Werbe- und Sympathieträger beweisen, dass ein Diesel-Pkw alles andere als ein rollendes Phlegma ist. So drehte im Juni 1972 ein voll verkleideter Einsitzer mit dem brandneuen 2,1-Liter-Wirbelkammer-Dieselmotor auf der Schnellfahrbahn in Dudenhofen seine Runden. Dieser Monoposto auf Opel-GT-Basis wurde hausintern »silberne Nagelfeile« genannt. Innerhalb von drei Tagen und zwei Nächten brach er zwei Welt- und 18 internationale Rekorde für Dieselfahrzeuge in der Klasse zwischen zwei und drei Litern Hubraum. Mittels Turbolader wurde sein Motor auf 95 PS getrimmt. Er schaffte nicht nur 197,5 km/h Höchstgeschwindigkeit, sondern absolvierte auf der 4,8 Kilometer langen Strecke auch 10.000 Kilometer Distanz mit einer Durchschnittsgeschwindigkeit von über Tempo 190. Das war ebenso öffentlichkeitswirksam wie respektabel.

Äußeres Erkennungszeichen des Rekord Diesel war neben dem Heckschriftzug die ausgebuchtete Motorhaube, dem wegen der obenliegenden Nockenwelle höher bauenden Motor geschuldet. Der auf 2 Liter verkleinerte Diesel-Motor aus dem Rekord hielt im September 1978 im Ascona B Einzug. Diese Motorversion hatte Opel bereits zuvor ab Dezember 1974 auch im Rekord offeriert, und zwar auf jenen Exportmärkten, wo eine Luxussteuer über 2 Litern Hubraum erhoben wurde (vor allem Italien). Mit 56 PS war der Rekord 2,0 Diesel eindeutig untermotorisiert. Interessant: Anfangs bot Opel den Dieselmotor nicht im Caravan an, erst ab der IAA im September 1973.

Als Privatwagen war der Rekord Diesel nur mäßig erfolgreich, er war eher eine Angelegenheit für Taxifahrer, und so gab es ihn auch mit werksseitiger Taxiausstattung, lackiert im vorgeschriebenen Hellelfenbein. Dem Mercedes Diesel hatte der Rekord 2100 D den niedrigeren Preis voraus. Aber das alleine zählt nicht für Taxler. Sie brauchen den von Daimler-Benz bis zur Perfektion kultivierten Über-Nacht-Service, weil ein Taxi nie stehen darf. Und den bekam Opel nie so hin wie Mercedes. Das Rekord Taxi gab es auch mit Benzinmotoren (wie das Mercedes Taxi auch), in Standard- und L-Ausstattung, stets mit Kunstledermöblierung.

Die »silberne Nagelfeile«, also der Monoposto-GT, war der Imageträger für den Opel-Dieselmotor und fuhr sehr öffentlichkeitswirksam etliche Weltrekorde ein.

Kapitel 11

OSLO
WALTER RÖHRL
JOCHEN BERGER
ORGA
irmscher tuning
Mobil
PIRELLI
PIRELLI

Es macht schon einen Unterschied, ob in einem Motor vier Zylinder mehr oder weniger rau auf- und abzappeln, oder ob sich deren sechse elegant und gepflegt mit gutem Massenausgleich aristokratisch bewegen. Man spürt das. Der Sechszylinder läuft vibrationsärmer. Und man hört das. Der Sechszylinder klingt einfach gut. Aber er ist schwerer als ein Vierzylinder, kostet mehr in der Anschaffung und verbraucht mehr Sprit.
»Sechs« war eine magische Zahl. Ein Sechszylinder war viel mehr als ein um zwei zusätzliche Zylinder erweiterter Vierzylinder: Er war eine Glaubensfrage, ein Prestigeobjekt. Denn sechs Zylinder markierten die Oberklasse. Sechs Zylinder waren in den 50er Jahren, auch noch in den frühen 60ern, für Mittelschicht-Autofahrer nahezu unerreichbar. Doch das änderte sich – auch und gerade durch den Opel Rekord

Der Autobahnstürmer

In den 60er Jahren, als das Wirtschaftwunder den meisten Deutschen Wohlstand spendiert hatte, reagierten Opel und Ford und boten ihre Mittelklassewagen mit Sechszylindermaschinen an. Das bedeutete auch, dass oberhalb des Rekord D wieder eine Commodore-Baureihe angesiedelt werden sollte. Allerdings mussten die Commodore-Freunde noch ein bisschen warten. Der Wagen erlebte sein Debüt auf dem Genfer Salon im März 1972 und lebte bis Juli 1977, als beide Baureihen gemeinsam abtraten. Beim Commodore B kam das Ende nach 140.827 Fahrzeugen, darunter 98.548 Limousinen und 42.279 Coupés.
Diese Baureihe profitierte vom sportlichen Image, das der Vorgänger gesetzt hatte. Egal, ob als Viertürer oder als Coupé (eine zweitürige Limousine gab es nicht mehr) – ein Commodore B war ein Statement und unterstrich den sozialen Status einerseits wie auch Individualismus andererseits, denn ein Opel Commodore hob sich optisch und technisch vom Bruder Rekord ganz wesentlich ab. Doch noch immer galt: Wer Commodore fuhr, setzte auf bewährte Großserientechnik ohne Allüren und profitierte vom flächendeckenden Servicenetz der Opel-Organisation. Opel positionierte den Commodore B auch sehr geschickt, um internen Kannibalismus zu vermeiden. Gerade weil sich die beiden verbrüderten Typen Rekord und Commodore in keiner Motor- oder Ausstattungsreihe überschnitten, sprachen sie eine völlig andere Klientel an. Da der 2,8-Liter-Sechszylinder alleine im Admiral nicht für rentable Stückzahlen gesorgt hätte, weil große Autos in Zeiten der Energiekrise 1973/74 verpönt waren, hätte sich dessen Produktion nicht mehr gerechnet. So gesehen sorgte der Commodore B dafür, dass Opels Prestigelimousine Admiral überhaupt bis zum Jahre 1977 überleben konnte.
Die Grundform der beiden Brüder Rekord und Commodore ist gleich. Die optischen Unterscheidungsmerkmale zwischen beiden sind schnell aufgezählt: der Kühlergrill erhielt ein anderes, grobmaschiges Design, im Profil betrachtet fielen die anders gestalteten Radabdeckungen oder die Sportstahlfelgen auf, die Zierblende am Heck zwischen den

Rückleuchten war vom Vorgänger bekannt. Ansonsten bestach der Opel Commodore durch die äußeren Merkmale der L-Version des Rekord: gummibelegte Stoßstangen mit Hörnern, Radlaufchrom und breite Chromzierleisten am unteren Karosserieabschluss, also am Schweller, und fortgesetzt hinter den hinteren Radausschnitten. Innen war der Opel Commodore sportiv-luxuriös ausgestattet, auch hier gehobener Rekord-L-Standard.

Unter der Haube arbeiteten ausschließlich Sechszylindermaschinen, Motoren mit 2,5 und mit 2,8 Litern Hubraum in diversen Leistungsvarianten, Ausbaustufen des cih-Motors. Der vom 2,8-Liter abgeleitete 2500er leistete in der Grundversion 115 PS und war im ersten Produktionsjahr 1972/73 zusätzlich die Maschine für den GS, dann mit 130 PS. Aber der GS war eigentlich ein 2,8-Liter-Auto, von 1973 bis Produktionsende trieb der große Motor den GS mit 142 PS (ab 1975: 140 PS) an, und auch der normale Opel Commodore war mit diesem Hubraum erhältlich, dann 130 PS (ab 1975: 129 PS) stark. Das Spitzenmodell war ab September 1972 der GS/E, das gleiche Auto wie der GS, aber mit Benzineinspritzung und 160 PS (ab 1975: 155 PS) stark. Die leicht reduzierten Leistungen ab 1975 erklären sich dadurch, dass die Motoren im Commodore B zunächst recht hoch verdichtet waren und im Januar 1975, im Hinblick auf das Abgasverhalten, wieder auf das früher übliche Niveau reduziert wurden.

Ausstattungsfragen

Opel offerierte anfangs zwei Ausstattungsvarianten, den »Commodore« und den »Commodore GS«, der mit Benzineinspritzung zum »GS/E« wurde. Beide Versionen waren mit beiden Karosserien kombinierbar. Der normale Opel Commodore mit Stahlfelgen, Radkappen und -zierringen, rollte hauptsächlich als Limousine vor, diente oft als Geschäftswagen, als Rekord mit Krawatte sozusagen. Eine komfortabel

Diese Stylingstudie ist ziemlich weit entwickelt, mit Verglasung, Innenraum, der Wagen kann sogar auf eigenen Füßen stehen. So hätte ein Commodore GS Coupé aussehen können. Prototyp von 1970.

Diesem sieht man gar nicht an, dass es kein Fließbandauto, sondern ein Vorserienmodell ist: GS/E mit den definitiven Zierstreifen und auch sonst sehr seriennah. Nur diesen Farbton, eine Mischung aus Rot- und Kupfermetallic, gab es nicht von Opel.

Nur in seinen ersten Jahren schmückte sich der Commodore GS/E mit Kriegsbemalung, und diese auch nur auf Wunsch.

Viele, schöne, neue Opel: Opel IAA-Stand 1973, Rekord D, Commodore B, Manta A und Ascona A sind zu sehen, besonders präsentiert wird die Neuheit, der Kadett C.

Der Trend ging zur Seriosität, auch beim Commodore GS/E, undekoriert, dafür mit Vinyldach, gerne auch mit Ronal-Kleeblatt-Alus.

zu fahrende Limousine mit hohem Leistungsniveau, gut geeignet für lange Autobahnstrecken, ein typischer Wagen für Vielfahrer, die Geschäftspartner mitnehmen und einen großen Kofferraum brauchen. Das Coupé war eher ein Liebhaberstück, im Commodore-Programm verkaufte es sich verhältnismäßig zur Gesamtstückzahl besser als im Rekord-Programm.

GS und GS/E unterschieden sich auf den ersten Blick vom Standard-Commodore: Gürtelreifen auf Stahlsportfelgen mit Chromzierringen, Zwillingsauspuff, Zusatzscheinwerfer, schwarzer Kühlergrill, teilgeschwärzte Heckblende und zarte Zierlinie unterhalb der Gürtellinie beim GS (»Coachline«). Der GS/E hatte noch einen Frontspoiler mit schwarzem Rallyestreifen. Die frühen GS bekamen auf Wunsch einen von der Oberkante der Vorderkotflügel bis zum Ende der hinteren Seitenscheibe verlaufenden Rallyestreifen sowie eine schwarze Motorhaube. Aber die Zeit der Kriegsbemalung war abgelaufen, die Kunden wünschten in dieser Klasse ein eher dezentes Auftreten. Kaum jemand orderte die mattschwarzen Sportattribute, und ganz ohne Aufsehen verschwand diese Option aus der Aufpreisliste. Das höchste der Gefühle war in den 70er Jahren ein schwarzes Vinyldach, und das orderten viele Commodore-Kunden.

In diplomatischen Diensten: Commodore GS 2,8 mit Berlina-Ausstattung von 1975 hinter einem staatstragenden Mercedes W 108, im Hintergrund zwei Mercedes O302 Bundeswehr-Omnibusse.

Auf die Insel exportiert: Vauxhall-Händler durften den Commodore GS 2.8 verkaufen, dem das Vauxhall-Programm nichts entgegenzusetzen hatte. Die britische Presse nannte ihn „German Autobahnstormer".

Technisch brachten GS und GS/E eine serienmäßige Servolenkung, Drehstromlichtmaschine, Verbundglaswindschutzscheibe und elektrischer Scheibenwaschanlage ab Werk mit. Innen hatten sie zusätzliche Armaturen (Drehzahlmesser, Öldruckmesser, Voltmeter, wie der Rekord Sprint). Das GS-Fahrwerk war mit Gasdruck-Stoßdämpfern und breiteren Reifen modifiziert, die ohnehin schon straffe Federung wurde noch härter. Dafür lag der Wagen wie ein Brett auf der Straße. Für Sporteinsätze offerierte Opel inoffiziell ein Fünfgang-Getriebe.

Ab Frühjahr 1975 lieferte Opel für alle Commodore wahlweise die vom Rekord bekannte Berlina-Ausstattung mit Velourssitzen, noch feinerem Teppichboden und verbessertem Dämmschutz, äußerlich kenntlich durch die schmalen PVC-Leisten an den Flanken.

Zum Modelljahr 1976 gab es eine Programmstraffung, die Berlina-Ausstattung fiel wieder weg, ihre Attribute waren nun zum größten Teil Bestandteil der Grundausstattung. Der GS war kein eigener Typ mehr mit besonderem Motor, sondern wurde zur sportlichen Ausstattungslinie degradiert und mit allen Motoren außer dem Einspritzer kombiniert. Alle 2,8-Liter-Modelle hatten jetzt Servolenkung und vier Scheibenbremsen, vorne innen belüftet. Die Zierlinie wich einem breiten

Die innere und die Autobahnsicherheit im Visier: Rekord D (hinten) und Commodore B der hessischen Autobahnpolizei, weiß mit signalrot fluoreszierenden Klebestreifen. Die Dekoration war nur ein Versuch.

Für 15.000 D-Mark gab es 1976 bei Opel entweder einen Kadett C Aero oder einen Commodore B Special mit Rekord-Ausstattung und Sechszylindermotor, aber ohne Servolenkung.

Mit schwarzen Sondermodellen hatte Opel Erfahrung. Der Manta Black Magic war noch in guter Erinnerung. Der Commodore E kurz vor der Wachablösung bestach durch eine reiche Ausstattung inklusive Ronal-Alus.

PVC-Flankenschutz, der Gummibelag der Stoßstangen wurde deutlich breiter, das Vinyldach kostete keinen Aufpreis mehr, für den GS/E waren Alufelgen serienmäßig, das Interieur wurde aufgewertet. Trotzdem GM in Großbritannien mit Vauxhall bestens aufgestellt war, wurde der Commodore GS 2,8 als Limousine und Coupé mit Rechtslenkung auf die Insel exportiert und über Vauxhall-Händler angeboten (»The ultimative Opel – a classic car«).

Dazu gab es zwei Sondermodelle. Im Frühjahr 1977 bot Opel das Commodore GS/E Coupé als Sondermodell in allen Commodore-Farben an (beworben in Schwarz mit silbernem Bugspoiler), viele Extras serienmäßig, dazu Ronal-Kleeblatt-Alus mit breiten 195/70-HR-14-Reifen. Verkauft wurde das Coupé ab April 1977 unter der Bezeichnung »Commodore E« (Werbeslogan: »Denn langweilige Autos gibt es genug«). Gleichzeitig erwähnte Opel eine »begrenzte Commodore-Sonderserie für den Sporteinsatz in Gruppe I«. Ganz sicher nicht gemeint war damit der Opel Commodore »Special«. Er bewegte sich auf dem Ausstattungsniveau des Opel Rekord L, hatte die Commodore-Basismotorisierung (115 PS) plus Sportstahlfelgen ohne Radzierringe, die schmale PVC-Flankenschutzleiste, keine Chromumrandung des Kühlergrills, aber die teilgeschwärzte Heckzier des GS. Er verfügte über keine Servolenkung. Sein Preis während des Modelljahrs 1977 war für einen Sechszylinder sensationell günstig: 15.000 Mark sollte er nur kosten. Der Nachfolger des verblichenen »Rekord L-6« richtete sich an Käufer, die zwar einen kultivierten und starken Motor mit sechs Töpfen, aber nicht die Commodore-Austattung wollten.

Die Opel-Marketingstrategen versäumten es, den Commodore B als großen Kombi zu lancieren. Das war ein Fehler, denn Ford zog mit dem sechszylindrigen Granada Turnier alle Kunden an sich, die in dieser Klasse ein großes Ladevolumen wünschten. Dabei wäre es für Opel nur die Kombination von Vorhandenem gewesen. Erst den Commodore C gab es ab 1981 als Voyage, aber da war der Kuchen längst verteilt - zumal dann auch Mercedes mit dem W 123 T-Modell mitspielte.

Röhrl junior und Jumbo: Commo B von Steinmetz und Irmscher

Auf dem Nürburgring beim 36-Stunden-Rennen debütierte der Steinmetz-Commo B, brandneu, noch ein wenig improvisiert, die Kotflügelverbreiterungen durch Alustreifen erneut verbreitert, nicht mal in Werkslackierung, sondern in neutralem Weiß. Eben fertig geworden. 33 von 36 Stunden lag er in Führung und wurde dann von einem kleinen NSU abgeschossen. Aus war's, da half auch der auf 3,6 Liter aufgebohrte Sechszylinder – Steinmetz sprach vom »Jumbo« – nicht. Der »Jumbo« ging dennoch, im Sommer 1973, in die Motorsportgeschichte ein. Denn da erhielt er einen V8-Motor, einen schneeschaufelartigen Frontspoiler und einen monströsen Heckflügel, der selbst jenen des Porsche 917-10 überragte, ein richtiges Luftleitwerk, beides aus Alublech geformt. Die immens breiten Kotflügel (erneut keine Steinmetz-Entwicklung, sondern von Opel gestylt) bestanden aus GfK mit einem Skelett aus Vierkant-Stahlrohren. Unter der Haube: Der Chevy-Smallblock-V8 aus dem Diplomat 5,4, von Steinmetz von 230 auf 510 bis 560 PS gebracht und gekoppelt mit einer ZF-5-Gang-Box. Opel-Design schuf ein neues Outfit, Ockergelb statt Citrusgelb, der »Steinmetz-Pfeil« schwarz, denn die Haube war in Wagenfarbe. Der Wagen kam zur denkbar schlechtesten Zeit, die Ölkrise durchkreuzte alle Planungen, es blieb beim Einzelstück.

Wie beim ersten Commo, so sind die Kotflügelverbreiterungen beim zweiten ebenfalls eine Arbeit des Opel-Stylingstudios. Der frühe Prototyp sieht ziemlich spielzeughaft aus, wenngleich in Originalgröße gehalten.

Doch wenigstens gab es eine Straßenversion des Jumbo, den Commodore B mit 3,4-Liter-Sechszylinder mit drei Doppelvergasern, 208 PS stark, dazu Steinmetz-Fahrwerk. Mit 220 km/h Topspeed handelte es sich um einen veritablen Porsche-Schreck im Opel-Gewand für 29.700 D-Mark. Doch auch er lebte nicht lange, und mit ihm starb die Firma Steinmetz.

Aufgrund der Ölkrise, der Verunsicherung, der Benzinpreisverteuerung und dem Ausfall motorsportlicher Veranstaltungen verlor die Firma Steinmetz schlichtweg ihre Daseinsberechtigung. Niemand brauchte mehr Kundenautos, niemand wollte seinen Opel tunen. Opel selbst konnte nicht helfen, litt selber unter dem Schock. Einige etablierte Tuningbetriebe erwischte es damals, auch Koeppchen oder Wooding. Im September 1974 schloss Steinmetz seine Pforten.

Irmscher hingegen überlebte die Ölkrise. Die Begründung dafür lässt sich in einem Satz ausdrücken, von Sohn Oliver Steinmetz pointiert in der Buch-Biographie »Klaus Steinmetz – Ein Leben für den Motorsport« gesagt: »Während Steinmetz der bessere Ingenieur war, war Irmscher der gewissenhaftere Kaufmann.«

Die offizielle Zusammenarbeit zwischen Opel und Irmscher begann mit der Unterzeichnung eines Sportvertrags 1972. Seit 1968 fuhr Günther Irmscher Rallyes auf Kadett, in jenem Jahr hatte er auch seinen Tuningbetrieb gegründet. Den offiziellen Sportvertrag mit Opel in der Tasche, konnte Günter Irmscher Walter Röhrl verpflichten.

In motorsportlicher Erinnerung geblieben, alleine wegen seiner monströsen Erscheinung, ist der Commo als Steinmetz-Jumbo. Aber nennenswerte Erfolge fuhr er nicht heraus. Das tat der Commo B von Irmscher, und zwar bei der Rallye Monte Carlo 1973, ein ganz frühes Röhrl-Auto.

Irmscher-Prototyp, erhalten geblieben und ein Star auf jedem Markenmeeting. Gesehen beim Treffen der Alt-Opel-IG in Altusried 2022.

Mit dem von Irmscher vorbereiteten Commodore B GS/E Coupé gaben Walter Röhrl und Co Jochen Berger bei der »Monte« ihr Debüt in der Rallye-Weltmeisterschaft. Röhrl erreichte das Ziel nicht, aber er wurde als 45ster und Klassensieger gewertet. Röhrl verspottete den damals neuen Commo B als »die Kommode«, keine Dämmung, keine Rückbank, Recaros, Hosenträgergurte, etwas Rallyegedöns, nach wie vor dekorative und luxuriöse Holzdekorleisten in den Türinnenverkleidungen. Vorne vier Bosch-Zusatzscheinwerfer und ein Ölwannenschutz, Haubenschnellverschlüsse sind zu erkennen, aber nicht mal Spezialfelgen. Die Lackierung ist serienmäßiges Signalgelb, an den Seiten jene go-faster-Streifen, welche die Commodore GS/E der ersten Baujahre 1972/73 auch in Serienversion trugen. Überhaupt waren die Unterschiede zur Serie nicht groß – gut, ein Sperrdifferenzial hatte er, drei Weber-Doppelvergaser mit Sportluftfiltern statt Einspritzanlage (also streng genommen gar kein GS/E, denn das E steht für Einspritzung), somit rund 15 Prozent mehr Power statt der 160 Serien-PS aus 2,8 Litern. Die Bremsen waren etwas überfordert, und dann half ein Granitbrunnen zur Reduzierung der Bewegungsenergie, aber der Opel sah danach vorne rechts nicht mehr schön aus. Das Original gibt es nicht mehr, dafür einen Opel-eigenen Nachbau mit einem völlig vorbildfreien Opel-Logo auf dem Dach des Museumsstücks.

Opel übernahm 1974 das Opel-Eurohändler-Team in eigener Regie, die komplette Organisation wurde an Günther Irmscher delegiert. Seitdem ist Irmscher der Opel-Haus- und Hoftuner, aber auch verantwortlich für Nischenfahrzeuge und Sonderserien ohne sportliche Ambitionen.

600 Meter hinter Genestelle, einem verschlafenen 271-Einwohner-Dorf in den französischen Seealpen. 1973 kam die Rallye Monte Carlo durch das Dorf, kam Walter Röhrl durch das Dorf.

Röhrl/Berger im Commo bei der Monte 1973 mit WN-K 28. Bei Bergabpassagen nutzte Walter wegen mangelhafter Bremsen immer die Schneewände zur Tempodrosselung. Bis er an einen eingeschneiten Granitbrunnen geriet. Dann war der Commo vorne rechts gewaltig kaltverformt. Das Werksfoto zeigt ihn zuvor.

Wenn ein Name mit dem Commodore GS/E Coupé als Rallyewagen verbunden wird, so ist es der des jungen Walter Röhrl. Aber er war bei Weitem nicht der einzige, der diesen großen Wagen als Rallyeauto ge- oder missbrauchte. Szene von der Rallye Stuttgart-Lyon-Charbonnière 1973, ein sehr seriennaher GS/E mit Vinyldach.

Mehr als 300 Starter balgten sich im August 1972 auf der Olympia-Rallye, 3300 Kilometer zwischen Kiel und München. Zwölf Commodore GS/E starteten, einer aus dem Irmscher-Team, drei aus dem V-10-Kléber-Team, einer aus dem Haribo-Lakritzen-Team, der Rest Privatfahrer.

Nicht nur über Rallyepisten wurden die schweren Coupés geprügelt, auch auf der Rundstrecke konnten sie sich beweisen: Huub Vermeulen und Fred Frankenhout vom Levi's Racing Team DNRT in Zolder 1975, vierter Platz.

Ein Rekord für die ganze Welt

Der Opel Rekord D wurde nicht nur in etlichen Karosserievarianten gefertigt. Er legte auch eine internationale Karriere hin und wurde in den entlegensten Ecken der Welt gebaut.

Pars Khodro in Teheran produzierte ab 1972 den Rekord D in Lizenz, und dieses aufgelassene Exemplar fristete noch 2006 im Teheraner Hinterland sein Dasein hinter einem englischen Hillman Avenger und einem Jeep.

Zu Zeiten des Schahs, also vor 1979, waren die (Handels-) Beziehungen zwischen dem Iran und Israel gut. In Israel verkaufte Rekord waren persische Importe, Aufnahme in Tel Aviv 1980 mit internationalem Fahrzeugspektrum. Der Ford Cortina wurde in Israel montiert, zu sehen sind neben BMW E12 auch Autobianchi Primula und A112 sowie ein Renault 5.

Abb. rechts: Hubraumriese: Der südafrikanische »Chevrolet 4100« nahm am Kap die Commodore-Position ein.

Die landläufig wohl am wenigsten bekannte Produktionsstätte ist Persien. In Teheran wurde 1967 die Iran Pars Khodro gegründet, und weil Schah Reza Pahlavi enge Bande zu den USA pflegte, baute Pars Khodro amerikanische Wagen, zunächst den Rambler. 1972 wurde Pars Khodro zu Iran-General-Motors und baute diverse US-Cars in Lizenz. Vom Band rollten auch rund 10.000 Exemplare des Opel Rekord D/Commodore B unter den Namen »Chevrolet-Opel 1900« und »Chevrolet-Opel 2500 Royale«, die Einsteigermodelle ins Programm. Die Produktion lief bis 1977. Nach der islamischen Revolution und dem Sturz des Schah wurde Pars Khodro verstaatlicht.

»Chevrolet 2500 LS« hieß dieser vierzylindrige Wagen, hergestellt in Port Elizabeth in Südafrika, ein Rekord L mit Commodore-Grill und eigenem Felgendesign.

Unter dem Markennamen »Shinjin« liefen in Südkorea in den 70er Jahren interessante Opel-Derivate vom Band. Auf dem Kofferraumdeckel steht »Record«, mit »c«. Doch mit Familiennamen hieß er nicht Opel, sondern Shinjin, und anstelle des Opel-Blitzes trug er ein anderes Emblem im Grill. Der Shinjin Record unterscheidet sich nebst seinem Heckschriftzug auch durch andere Details vom deutschen Opel Rekord D. Als »Shinjin Record 1900« entspricht er ziemlich genau dem Rekord L und trägt den 1,9-Liter-Vierzylinder unter der Haube. Einzige Unterschiede sind Details, die den lokalen Zulassungsgesetzen entsprechen, zum Beispiel die auch in Japan typische Positionierung der Rückspiegel. Ein besonderer Rekord hingegen ist der »Shinjin Record Crown«. Technisch identisch, ist er die Luxusversion und entspricht in Bezug auf das Ausstattungsniveau dem Opel Commodore. Seine serienmäßigen Weißwandreifen sind ein Tribut an den südkoreanischen Geschmack, der sehr US-orientiert ist. Doch auf den ersten Blick zu erkennen ist der Crown an seinen Stoßstangen. Sie sind wuchtig, stehen von der Karosserie etwas ab und entsprechen stilistisch den Stoßstangen amerikanischer Straßenkreuzer der frühen 70er Jahre.

1966 präsentierte Shinjin seine beiden ersten Pkw, Lizenzbauten der japanischen Toyota-Modelle Publica und Corona, im Folgejahr kam der Shinjin 124 auf den Markt, er entsprach dem Fiat 124. Ab 1971 existierte ein Agreement zwischen Opel und der Shinjin-Motors, und in Südkorea wurden während des kompletten Jahrzehnts Opel-Fahrzeuge montiert, die sich in Details von den Originalen unterschieden. Als ers-

Der Nachfolger des in Südkorea gebauten Opel Rekord E1 war kein deutscher E2. Vielmehr war der Dong-A Royale eine Mischung aus Rekord E2 und Senator A. Daewoo beabsichtigte, den neuen Wagen oberhalb des bisherigen Record Crown zu positionieren. Zwar trug er »nur« einen Vierzylinder, war aber innen äußerst luxuriös.

Zwischen Rüsselsheim und Südkorea liegen 8500 Kilometer Luftlinie. Aber die Autos sind fast gleich: Opel Record D, mit »c« geschrieben. Die wuchtigen Stoßfänger mit integrierten Positionsleuchten geben dem südkoreanischen Shinjin Record eine eigenständige Anmutung.

Doppelscheinwerfer, Commodore-Grill mit anderem Strebendekor, eigenständige Radkappen und -zierringe sowie ein schmaler Streifen an der Flanke: belgischer Ranger 1900 von 1972.

te Opel-Lizenz lancierte Shinjin 1971 den Royale, baugleich mit dem Opel Ascona A, 1972 folgten die Record-Typen.

Mitte der 70er Jahre hielt der 2,5-Liter-Sechszylinder Einzug im Record Crown, in der südkoreanischen Version leistete er 154 PS. Dem Rekord D folgte 1978 der Rekord E1, wieder als 1900 und als Crown, »Record« natürlich weiterhin mit c geschrieben. Die beiden Modellwechsel vom Kadett C auf den Kadett D respektive vom Ascona B auf den frontgetriebenen Ascona C machte Shinjin ebenfalls mit, danach erlosch die Automarke und wurde von Dong-A-Motors aufgekauft. GM Korea, 1972 gegründet, pflegte auch eine enge Kooperation mit Dong-A-Motors. Der Nachfolger des Rekord E1 hieß nunmehr »Dong-A« und entsprach dem Rekord E2, allerdings mit Karosserieretuschen. Er war eine optische Kreuzung zwischen Rekord E2 und Senator A. 1983 begab sich Dong-A in den Schoß des mächtigen Daewoo-Konzerns. Aus dem »Dong-A Crown« wurde der »Daewoo Crown«, denn GM setzte die ersprießliche Zusammenarbeit fort.
In Europa bekannter als ein iranischer Chevrolet-Opel oder ein südkoreanischer Shinjin Record sind die unter dem Namen »Ranger« produzierten Varianten des Opel Rekord D aus Belgien und Südafrika, wo während der Produktionszeit der Name von Ranger zu Chevrolet wechselte. Auch in der Schweiz wurde der Opel Rekord D montiert, wie sein Vorgänger als Ranger, der Caravan hingegen ganz normal als Opel. Ein Rekord D Caravan war am 14. August 1975 auch das letzte jemals im schweizerischen Montagebetrieb in Biel fertig gestellte Fahrzeug.

Den Ranger gab es als 1700er und als 1900er, nur letzteren als Coupé. Einen Ranger Caravan baute GM Antwerpen nicht.

Kapitel 12

Die letzte Neukonstruktion mit dem traditionsreichen Namen Rekord trug die in den Wind gelegte Keilform, die Mode der Vernunft: vorne niedrig, hinten hoch, kurzes Heck, lange Haube. Denn Vernunft war angesagt. Der Opel Rekord E war die erste Neuerscheinung aus Rüsselsheim, in welche vollständig die Weisheiten der neuen Zeit einflossen. Als Opel den Rekord E lancierte, war er eine kleine Sensation. Nicht technisch, denn unterm Blech tat sich nichts Revolutionäres. Aber die Karosserie war so komplett anders als beim Vorgänger, dass es für die Opel-Stilisten ein arger Spagat war, die neuen, vor allem aerodynamischen Vorgaben zu erfüllen und dabei eine Karosserie zu schaffen, die nach wie vor auf den ersten Blick als Opel Rekord zu identifizieren war. Das lag daran, dass sich zwischen dem Produktionsbeginn des Vorgängers anno 1972 und demjenigen des Rekord E die automobile Welt radikal verändert hatte. Diese Veränderung war in erster Linie politischer Natur und basierte auf der Ölkrise 1973/74 und ihren Folgen. Weitere Zeitströmung war das zunehmende Sicherheitsbedürfnis der Autofahrer.

Auf der IAA 1977 waren der Rekord E und der zweite Ford Granada die Stars der Massen. Denn sie waren ihre Autos. Auch Commodore und Senator/Monza standen auf der IAA, aber sie waren noch lange nicht serienreif. Die Rekord-Produktion begann aber sofort. Ihn konnte man kaufen.

Der Wind hat ihm die Form diktiert: Rekord E1

Diese Einflüsse beherrschten das automobile Denken ab 1974 und veränderten die Einstellung der Kunden wie der Konstrukteure zum Auto maßgeblich. Stand zuvor der Fahrspaß ganz oben, so trat nun die Vernunft an seine Stelle. Dies alles sind die Gründe, warum der Opel Rekord E so ist, wie er ist. Denn er ist ein Kind seiner Zeit, ein Kind der 70er Jahre nach dem Ölschock. Er gehört zur ersten Generation neu gestalteter Fahrzeuge, die unter den veränderten Prämissen entstanden. Seine Keilform und vor allem sein schräg gestellter Kühlergrill sind die Tribute an die Aerodynamik mit der Absicht, den Benzinkonsum zu reduzieren, und seine Sicherheitsattribute zollen den Erfordernissen der Zeit.

Nach dem zierlichen Rekord D erschien auf der IAA im September 1977 der Opel Rekord E. Verantwortlich für das Styling war das Opel-Designteam unter Henry Haga. Die Designmerkmale der 80er Jahre vorwegnehmend, war das Styling kantig und leicht keilförmig mit großen Fensterflächen. Mit seinem flachen Bug und dem formintegrierten Frontspoiler sah der Opel Rekord sehr modern aus, wenngleich die Frontalansicht mit dem in zwei Breitbandscheinwerfern mündenden, ausschließlich die Horizontale betonenden Grill etwas einfallslos wirkte. Die Motorhaube stieg deutlich an, stemmte also dem Wind so wenig Widerstand wie möglich entgegen. Wie ein Keil stieg die gesamte Seitenlinie an und die Heckpartie war weit höher als die Bugpartie. Das sorgte einerseits für ein für damalige Verhältnisse neuartiges und ungewohntes Äußeres, andererseits ermöglichte diese Form einen Kofferraum bislang ungeahnten Ausmaßes. Ebenfalls gewöhnungsbedürftig: Die Unterkanten der Seitenfenster verliefen nicht in einer Linie mit der Motorhaube und dem hoch angesetzten Heck, was die Karosserielinie, im Profil betrachtet, nicht flüssig erscheinen ließ. Opel sah sich damit in guter Gesellschaft: »Vom Flug der Zugvögel haben wir viel übers Energiesparen gelernt. Sie bieten dem Wind so wenig Stirnfläche wie möglich und kommen so mit minimalem Kraftaufwand voran.«

Zu Rekord-E1-Zeiten war die Zweitürer-Limousine noch fester Bestandteil des Programms. Aber auf absteigendem Ast. Zweitürer-Limousinen waren ohnehin eine rein deutsche Angelegenheit. Im europäischen Ausland musste eine Limousine vier Türen haben. Im Bild ein früher Zweitürer, Aufnahme September 1977, die ersten Exemplare des neues Autos beim Händler.

So stellte man sich einen Rekord vor, so entsprach er dem Anspruch des Mittelklasse-Käufers: viertürig, L-Ausstattung. Das Vinyldach war noch in Mode, aber die Mode klang ab, zum Ende des Jahrzehnts war sie vorüber.

Kleines Malheur am Wegesrand in den Niederlanden. Der Rekord mit Warnblinker auf dem Standstreifen, der freundliche Straßenwacht-fahrer der ANBW-Wegenwacht im Renault 4 hilft. Vielleicht ist der Keilriemen gerissen. Der »Gelbe Engel« hat Ersatz an Bord.

Vernunft hat Vorfahrt: Opel Rekord E1 und E2

In den 70er Jahren arbeitete Opel längst mit Plattform-Strategien. Die Modellreihe Rekord E/Commodore C/Senator A/Monza A basierte auf der gemeinsamen V-Plattform (das »V-Car« von GM), von 1967 bis 2007 für heckgetriebene Opel- und Holden-Fahrzeuge der oberen Mittelklasse verwendet. Mit wenigen Veränderungen wurden die Wagen an verschiedenen GM-Produktionsstandorten gebaut. Der Mittelklasse-Opel, lieferbar als zwei- und viertürige Limousine sowie als drei- und fünftüriger Caravan und als dreitüriger Lieferwagen, war eine stattliche Erscheinung, ein ausgewachsener und dennoch europäisch dimensionierter Wagen. Im Gegensatz zum Vorgänger gab es kein Rekord Coupé mehr, seine Stelle nahm später der weiter oben positionierte Opel Monza ein.
Von Anfang an spielte der Caravan eine beachtliche Rolle, knapp 20 Prozent aller Rekord waren Kombis. Opel bot wie beim Vorgänger die drei Varianten »Basis« (sehr nackt), »Luxus« (vernünftig ausgestattet) und »Berlina« (luxuriös, nur Limousine, in der Schweiz sogar mit serienmäßigem Vinyldach, ab 1980 mit Farbzierstreifen an den Flanken und am Kofferraumdeckel) an.

Statt des Sprint gab es nun das »S«-Paket mit breiteren Reifen auf Alufelgen, Halogenscheinwerfern, Vierspeichenlenkrad, härterer Federung und Gasdruckstoßdämpfern hinten. Das S-Paket konnte mit allen Motoren und Ausstattungen kombiniert werden, optische Kennzeichen waren ein »S« an den Vorderkotflügeln und der schwarze Kühlergrill. Opel behielt den zweifarbigen Innenraum bei: Nicht nur die Armaturenbrettoberseite, auch die Oberkanten der Türinnenverkleidungen waren stets schwarz.

Während die starre Fünflenker-Hinterachse unverändert beibehalten wurde, gönnten die Opel-Ingenieure dem Rekord E eine völlig neue MacPherson-Vorderachse, also Federbeine mit einem unteren Querlenker und Querstabilisator. Die Motorenpalette orientierte sich am

Der Caravan als L-Modell. Ford war damals weiter, der Granada Turnier verkaufte sich als Sechszylinder und in luxuriöser Ghia-Ausstattung gut, und Opel hatte ihm nichts entgegenzusetzen.

Opel blieb der Eigenheit des Vorgängers treu, die Oberkanten der Türinnenverkleidungen schwarz zu halten, ebenso wie den größten Teil des Armaturenbretts und der Konsole. Helle Innenräume waren in der Zeit zwischen 1975 und 1985 sehr in Mode. In Limousinen schätzte der Kunde die edle Anmutung, weniger das sportliche Moment. Er liebte Veloursbezüge und weiche Sitze.

Vorgänger. Der 60 PS starke 1700er spielte nahezu keine Rolle und verschwand 1980. Der 1900-N-Motor mit 75 PS blieb unverändert, der 1900-H-Motor mit 90 PS, das bisherige Volumenaggregat, ging in Rente, ersetzt von einer gleich starken Maschine mit nunmehr zwei Litern Hubraum. 100 PS leistete nach wie vor der Zwei-Liter-S-Motor. Ihm zur Seite gestellt wurde eine Einspritz-Version mit 110 PS. Am Diesel hielt Opel ebenfalls fest. Während der Personenwagen-Diesel zu Zeiten des Rekord D nur bei Mercedes und Peugeot populär gewesen war, hatten nun etliche Hersteller Selbstzünder im Programm. Opel installierte zunächst den bekannten 2,1-Liter mit 60 PS, rüstete 1978 aber auf: 2,3 Liter mit 65 PS. Mit dem Rekord E machte Opel ein gutes Geschäft, wenngleich die Typenreihe nach Kadett und Ascona intern nur noch die dritte Geige spielte. Der Trend in dieser Hubraumklasse ging in Richtung Mercedes W 123 und 5er-BMW, beim einfach ausgestatteten und gering motorisierten Rekord machte sich Opel selbst Konkurrenz, der Ascona war im Zweifel der bessere Kauf.

Neue Ausstattungen, alte Probleme

In der zweiten Hälfte seines Modellzyklus' machte die Wirtschaftsflaute Anfang der 80er Jahre (zweite Erdölkrise) dem Rekord das Leben schwer, Opel reagierte mit Ausstattungsverbesserungen und Sondermodellen. Der Jahrgang 1981 war an breiten Kunststoffleisten an den Flanken zu erkennen, die Stahlfelgen des Luxus und Berlina erhielten ein neues Design (Radkappen gab es seit Einführung dieser Baureihe nicht mehr), auch die Basisausführung beinhaltete nun einen Teppichboden. Ein optionaler, drehzahlminimierender Overdrive ab 1981 senkte den Benzinverbrauch um zehn Prozent. Per 1981 offerierte Opel die Berlina-Ausstattungsvariante auch für den Caravan, dafür nicht mehr für den Zweitürer. Auch der 1700er-Motor hatte ausgedient, das Motorenprogramm startete nun bei 75 PS. Die Luxus- und Berlina-Versionen unterschieden sich nun äußerlich stärker vom Basismodell, denn ihre hintere Stoßstange reichte bis zu den Radläufen, die Fensterrahmen waren verchromt plus mattschwarz abgesetzt. Vor allem Rekord Limousinen trugen häufig die werksseitig lieferbaren Ronal-Alufelgen der Größe 5,50 J x 14 (mit Reifen 175 SR 14 wie auf der Stahlfelge). Zunächst nur für die Limousine lieferbar, aber nachdem der Caravan ab Modelljahr 1981 zum Berlina geadelt wurde, bot Opel die Alus auch für ihn an (nettes Detail: Im Premierenprospekt vom Au-

Feiner Dienstwagen für den Hamburger Feuerwehrkommandanten. Oder ist er doch nicht zufrieden? Weiß er, dass manche Kollegen in anderen Bundesländern oder Städten einen Mercedes W 123 fahren dürfen? Behörden waren schon immer Opel-Kunden, seit den frühen 50er Jahren. Verwaltungen, die nicht in Wolfsburg einkauften, kauften in Rüsselsheim ein.

Krankenwagen von Miesen aus dem Jahre 1978, ausgestellt auf dem Opel-Stand der polnischen Messe in Posen: schwer erhöht, hinten deutlich verlängert, genügend Platz für den liegenden Patienten und einen Notarzt.

Wer hierin mitfährt, bedarf keiner Behandlung mehr. Relativ einfacher Pollmann-Bestattungswagen auf Basis des Zweitürers, verlängerter Hecküberhang, leicht erhöhtes Dach, großes Sargraumfenster. Das ist kein Fahrzeug für den deutschen Markt, der geht in den Export.

gust 1977 wurde der Caravan mit Alus abgebildet, die damals für ihn gar nicht lieferbar waren, im Folgeprospekt vom Februar 1978 war der Lapsus korrigiert). Die Felge war einfarbig silbern lackiert. Lediglich die sportlichen SR/E-Modelle trugen sie, abhängig vom Fahrzeuglack, anthrazit oder dunkelbraun abgesetzt.

Kleine Kuriosität in der Rekord-E-Geschichte: Im ersten Modelljahr hatten die mit Schiebe-/Hubdach ausgestatteten Wagen zwei Schalter zur Bedienung. Einer diente dem Öffnen und Schließen, der andere dem Heben und Senken. Ab 1979 gab es nur noch einen Schalter für beide Funktionen. Ebenfalls absonderlich: Bevor der Zündschlüssel abgezogen werden konnte, musste ein Hebel an der Lenksäule betätigt werden. Das teuerste und am wenigsten georderte Extra war die Klimaanlage.
Sondermodelle auf Basis des Rekord E1: Als der Wagen aktuell war, gab es nur den ziemlich einfallslosen Rekord »Spar-Parade« mit ein paar Extras. Zum Ende des Modellzyklus' im Frühjahr 1982 wurden, wie üblich, mehrere Sondermodelle lanciert, manche auch von den Importeuren auf deren Märkten wie der Rekord »Montana« als Limousine und Caravan in der Schweiz. Rüsselsheimer Sondermodelle im März/April 1982 waren der Rekord »Classic« Limousine und Caravan auf Berlina-Basis, Rekord »Touring« Limousine und Caravan auf Standard-Basis (2-Liter-Motor mit 100 PS oder Diesel, Sportfelgen, schwarzer Grill, seitliche Streifen, Luxusextras), Rekord »Regent« und »Royale«, letzterer schon im Februar 1981, er baute auf der Berlina-Ausstattung auf, wahrhaft königlich ausgestattet, fast alle Serienextras inklusive elektrische Fensterheber vorne, Schiebedach, Metalliclack, Zentralverriegelung, getönte Scheiben, 2-Liter-Motor mit 100 PS, alternativ 2.0 E, Overdrive oder Automatik.
Eine Besonderheit, also ein wirklich sehr spezielles Modell, war der Rekord »SR/E« im April 1982 auf Basis des Luxus, Zwei- und Viertürer oder Caravan, ausschließlich 2,0-Einspitzer mit Sportfahrwerk. Zweifarbenlackierung in Polarweiß, Karminrot, Aquamarinblau, Opalgrün und Astrosilber mit anthrazitfarbener Karosserieunterflanke, ebenso waren die Fensterrahmen lackiert. Die Alufelgen zweifarbig anthrazit oder dunkelbraun abgesetzt, schwarzer Grill, zweiter Außenspiegel, spezielle Front- und Heckspoiler, innen Sportlenkrad, Drehzahlmesser, Voltmeter und Econometer sowie Recarositze.

Weiterhin gab es den Rekord »Pirsch« für Land- und Forstwirte sowie Jäger, ein Caravan in Standard-Ausführung mit Kunstledersitzen, Speziallackierung Schilfgrün (oder jede andere Außenfarbe), manueller Niveauregulierung, Fahrwerk etwas höher gelegt, Steinschlagschutz für die Ölwanne, Sicherheitsnetz für den Laderaum sowie gekürztem Frontspoiler und Sperrdifferenzial.
Im August 1982 endete die Produktion des Rekord E. Sein Nachfolger sollte nicht etwa Rekord F heißen, sondern die interne Bezeichnung E beibehalten. Zur besseren Unterscheidung wurde nachträglich vom »E1« und »E2« gesprochen.

Bevor Opel selbst den sportlichen SR/E brachte, erkannte Irmscher bereits, dass auch eine Viertürer-Limousine in die hauseigene Sonderserie »Weiße Flotte« vom Herbst 1979 passt: Frontschürze, Kunststoffstoßstange hinten, Kotflügelverbreiterungen und die typischen Irmscher-Felgen, dazu eine Lackierung in Weiß mit hellgrauen Flankenunterseiten, abgetrennt durch einen zarten, roten Doppelstreifen.

Sehr speziell: Rekord SR/E in Polarweiß mit dunkel abgesetzten Karosseriepartien, ein sportlich gemachter Rekord Luxus mit zweifarbigen Alus in geringen Stückzahlen.

Ingenieuses Dachzelt, auf jeder Stufenheck-Limousine zu befestigen. Als »Träger« dient hier ein Rekord Berlina des Jahrgangs 1981, erkennbar an der hinteren Stoßstange bis zu den Radläufen, die Fensterrahmen verchromt plus mattschwarz abgesetzt, dazu kleine Plastikkappen in Felgenmitte.

Die Auslandsmodelle

In Südafrika lief der Rekord E1 aus CKD-Bausätzen montiert, bis 1981 als Chevrolet mit Buick-Vierzylinder (2,3 Liter, 97 PS), danach als Opel mit Opel-2-Liter-Vergasermotor. Im britischen Vauxhall-Werk in Luton wurde der Rekord E von Oktober 1978 bis August 1982 insgesamt 27.000 Mal unter dem Namen »Carlton« gebaut und hatte eine anders gezeichnete, abfallende Front, nur als 2-Liter mit 100 PS. Kurioserweise bot Vauxhall auch den Opel Rekord parallel an. In Südkorea hieß der Wagen »Saehan Record« in den Ausstattungsversionen »Premier« mit 1,5 Litern und 60 PS, »Royale« mit 1,9 Litern und 85 PS sowie »Salon« mit 2 Litern und 102 PS und Automatik.

Der Eindruck täuscht: Es gab den Saehan Record Premier auch in anderen Farben als Hellgrün. Aber hier rollt eben eine Charge hellgrüner Fahrzeuge vom Band in Südkorea.

Ausschließlich mit der 2-Liter-100-PS-Maschine wurde der Vauxhall Carlton als Saloon und als Estate Car (= Caravan) produziert. Vauxhall hatte in diesem Segment in seiner Heimat keinen guten Stand. Wer ein »Executive Car« wollte, kaufte auf der Insel einen Ford.

Die »Drop Snoot Nose«, also die Hängeschnauze, war das von Chefdesigner Wayne Cherry geschaffene Vauxhall-Markenzeichen. Es wurde dem Rekord E1 implantiert, und so schuf Vauxhall den eigenständigen Carlton für die Insel. Danach sollte es keinen Vauxhall mit eigenem Charakter mehr geben. Dann war alles radikal opelisiert.

»What German Genius is all about« werbetextete Chevrolet-Südafrika für jenen Wagen, der einen amerikanischen Markennamen trug. Dem dortigen Rekord wurden andere Felgen verpasst als dem Rüsselsheimer Original.

Das V-Car als zweiter Aufguss: Opel Rekord E2

Als Opel den Rekord auf den Markt brachte, war die automobile Hierarchie noch fest gefügt gewesen. Der Opel Rekord war traditionell ein Wagen der Mittelklasse, und gekauft haben ihn Angehörige der Mittelklasse. Im Arbeiterhaushalt traf man auf den Opel Kadett (oder dann den Ascona, wenn der Geldbeutel es zuließ). Ein Ascona bildete typischerweise den Einstieg zum Aufstieg für die kleinen Angestellten, die sich im Lauf der Jahre zum Rekord hochdienten und vielleicht erst kurz vor der Rente auf einen Senator – wie ihn der Abteilungsleiter fuhr – umstiegen. Mercedes oder BMW blieben dem Chef oder dem Freiberufler vorbehalten. Sie wären für die Mittelschicht auch unerreichbar gewesen, denn Autos wurden weder geleast noch per Bankkredit finanziert, sondern bar bezahlt. Klingt nach Klischee? Stimmt, traf aber in seiner erfrischenden Einfachheit bis in die 70er Jahre oftmals zu. Ein arrivierter Angestellter oder Facharbeiter war also der typische Käufer des Opel Rekord E, die Alternative lautete Ford Granada. Opel oder Ford war eine Glaubensfrage und für die Wenigsten eine Alternative. Man blieb damals seiner Marke treu, oftmals ein Leben lang.

Leichtmetallfelgen sind bei einer 80er-Jahre-Limousine nichts Besonderes mehr. Bestens erhaltener Rekord GLS neben einem Mercedes W 123. Beide sprachen ungefähr dieselbe Klientel an. Wie viele Rekord E2 sind in Liebhaberhand unterwegs? Der W 123 hingegen gehört zu den meist verbreiteten Klassikern in Deutschland.

Kein neuer Rekord

Im Oktober 1982 erschien der Rekord E2, komplett revidiert, aber keine Neukonstruktion. Bodengruppe und Fahrgastzelle mit Türen blieben unverändert, Front und Heck zeigten sich deutlich modifiziert. Im Stile der Zeit wurde der Rekord E2 repräsentativer, reifer, die Aerodynamik hatte sich verbessert und unter dem höher angesetzten Heck verbarg sich mehr Laderaum. Dem vorherrschenden Trend nach weniger Chrom kam er nach, die Stoßfänger waren ebenso aus Plastik wie die (wieder eingeführten) Radkappen, und die nach wie vor metallenen Fensterumrandungen wurden mattgrau lackiert und sahen wie Kunststoff aus. Alleine der Caravan trug den Fensterchrom mit Stolz.

Den Caravan gab´s nur noch als Viertürer, und er trug als letzter Rekord E2 Chrom um die Scheiben. Dazu passte die verchromte Gepäckgalerie. Und endlich wieder Radkappen – wenngleich nur aus Kunststoff. GLS Caravan des Modelljahrs 1985.

Die Zweitürer-Limousine entfiel ersatzlos. Der Innenraum zeigte sich kaum verändert, aber nach wie vor auf der Höhe der Zeit, ein neues Armaturenbrett hielt Einzug, die Farbe Grün für die Innenausstattung hatte ausgedient. Wieder teilten sich Luxus und Berlina die Stahlfelgen, das Standardmodell hatte anders gestaltete Räder. Noch 1982 erhielt der Berlina vollflächige Kunststoffradkappen.

Neuer Motor: Als Alternative zum cih-2-Liter bot Opel den neu entwickelten, 75 oder 90 PS starken 1,8-Liter mit Alu-Kopf und oben liegenden Nockenwellen an.

Doch es gab einen neu entwickelten Motor: Neben den weiterhin von den Käufern bevorzugten 2-Liter-Maschinen mit 100 oder 110 PS bot Opel einen 75 oder 90 PS starken 1,8-Liter mit Leichtmetall-Zylinderkopf und oben liegenden Nockenwellen an. Zu den bekannten Ausstattungsvarianten »Basis«, »Luxus« und »Berlina« gesellte sich im Frühjahr 1983 die opulente »CD«-Version mit Fünfgang-Getriebe, Servolenkung, nochmals verfeinertem Interieur und Bordcomputer.

Zum Modelljahr 1985 ordnete Opel die Varianten neu: Aus dem Standard-Rekord wurde der »LS«, ihm folgten »GL« (ehemals Luxus) , »GLS« (die ehemalige Berlina-Linie), »GSi« (das bisherige S- und ehemalige Sprint-Modell) und »CD«. Selbst für ihn gab es noch Extras, Automatik, Lenkradhöherverstellung, elektromagnetisches Kofferraumschloss mit Fernbedienung, Tempomat, heizbare Sitze oder Recarositze. Eher eine Spielerei, aber unverzichtbar in der Angebotsliste, war damals der Bordcomputer mit den Angaben Uhrzeit mit Stoppuhr, Momentan- und Durchschnittverbrauch, Durchschnittgeschwindigkeit, Reichweite des Tankinhalts, Außentemperatur (Serie im CD).

Zusammen mit den neuen Bezeichnungen gab es neue Außen- und Polsterfarben sowie überarbeitete Türinnenverkleidungen. Und alle Opel Rekord trugen wieder Radkappen, wenngleich nun aus zeitgemäßem Plastik. Opel bot für den Rekord E2 eine Sonderlackierung an, in den 80er Jahren eine kurzlebige Mode. Die Zweifarblackierung kostete 1100 D-Mark Aufpreis. Die Karosserie unterhalb der Flankenzierleisten war dann im Komplementärton gehalten: Polarweiß/Astrosilber, Weißgold/Onyxbraun und Astrosilber/Anthrazit, ab 1984 auch Stratosblau/Heliosblau.

Der 2-Liter-Einspritzer bekam gleichzeitig etwas mehr Hubraum eingeschenkt und leistete nun 115 PS aus 2,2 Litern, er mauserte sich zum beliebtesten Rekord-Motor.

Das übliche Tuninggedöns des Jahrzehnts: Felgen, Bodykit mit Spoilern, Schürzen, Schweller. Die Interpretation von Mattig...

...und Irmscher. Im Prinzip das gleiche, im Detail anders, aber jeweils eine ganzheitliche Angelegenheit. Welche Plastikanbauteile und welche Felgen der Rekord-Fahrer bevorzugte, war eine Frage des persönlichen Geschmacks.

1984 erfuhr der Diesel eine Leistungsspritze und brachte es auf 71 PS, mittels Turbo sogar 86 PS (kombiniert mit Fünfgangbox). Ab Jahresende 1984 lieferte Opel ein Antiblockiersystem (Aufpreis DM 3000,-) und 1985 folgte eine 100-PS-Einspritzversion des 1800ers mit Katalysator.

Das Spitzenmodell der E2-Generation im letzten Produktionsjahr ab Mai 1985 war der zusammen mit Irmscher entwickelte Rekord »Sport« mit 2,2-Liter-Motor und Fünfganggetriebe, Front- und Heckschürzen, Spoiler auf dem Kofferraumdeckel, dazu Sportauspuff mit ovalem Endrohr, Tieferlegung und breiten Reifen (195/60 HR 14) auf Irmscher-Alufelgen. Innen war er mit einem kompletten Uhrensatz bestückt, das Lederlenkrad hatte eine rote Naht. Lieferbar war der Opel Rekord Sport in Polarweiß, Mexikorot, Stratosblau, Anthrazit und Astrosilber. Mit 30.000 D-Mark war das der teuerste Serien-Rekord aller Zeiten. Entsprechend wenige wurden gebaut. Die Zeit des Opel Rekord war vorbei. Im Export verkaufte er sich leidlich gut, in Deutschland waren er und sein Konkurrent Ford Granada auf absteigendem Ast. Das traditionelle Rekord-Segment der 1,5- bis 1,9-Liter-Hubraumklasse belegte bei Opel mittlerweile der Ascona, und Käufer der gehobenen Klasse, in die der Rekord gezwängt worden war, kauften lieber einen Mercedes, BMW oder Audi - außerdem machte der Opel Senator seinem kleineren Bruder hauseigene Konkurrenz – zumal auch er mit dem 2,2-Liter-Einspritzer offeriert wurde. Zuletzt hatte der Rekord an der Opel-Gesamtproduktion weniger als neun Prozent Anteil. Mit Beginn der Werksferien im Juli 1986 wurde die Rekord-Produktion beendet. Im Ausland wurden nach wie vor Rekord-Modelle produziert, und auch in Rüsselsheim liefen bis 1989 Opel Rekord für den Export nach Südafrika vom Band, sogar mit 173 PS starkem Drei-Liter-Einspritzmotor, der von Holden aus Australien importiert wurde, und zuletzt als Rekord 380i mit 3,8-Liter-V6 mit 170 PS. Der britische Vauxhall Carlton unterschied sich außer der Rechtssteuerung und den Emblemen nicht vom Rekord E2. Er wurde in Rüsselsheim produziert, war also alles andere als ein englischer Wagen, 53.000 Exemplare wurden gebaut.

Zum Abschied viele Sondermodelle

Der Rekord »Touring« baute auf dem LS auf mit einigen Extras und »Touring«-Schriftzug auf den Vorderkotflügeln. Der »Exklusiv« basierte ebenfalls auf dem LS und hatte einige Luxusextras und einen Schriftzug auf den Vorderkotflügeln. Ähnlich gestrickt war der Rekord »GLS Exclusiv«. Keine reine Sonderedition, sondern ein Konglomerat an Extras (Metalliclack, Servolenkung, Alufelgen) für LS, GL und GLS war das Ausstattungspaket »Royal« ab Modelljahr 1985. Der Caravan »Pirsch«, in Sachen Ausstattung mit dem gleichnamigen E1-Kombi weitgehend identisch, wurde zeitlich nicht befristet und bildete eine Art Dauer-Sondermodell. Darüber hinaus bot Opel zahlreiche Behördenversionen ab Werk an, Caravan und Limousine als Notarzt- und Feuerwehreinsatzleitwagen, für den kommunalen Dienst, als Polizei-Streifenwagen und als Taxi (gilt für E1 und E2).

967.064 Rekord E1 liefen von August 1977 bis August 1982 vom Band, darunter 641.542 Viertürer-Limousinen, 127.544 Zweitürer, 26.652 Dreitürer-Caravan, 140.849 Fünftürer-Caravan und 30.477 Lieferwagen. Der Rekord E1 erreichte nicht die Million. Rechnet man die 487.193 Rekord E2 bis 1989 dazu, brachte es die Baureihe zwar auf fast 1,5 Millionen – in zwölf Jahren allerdings, die erfolgreichen Vorgänger hingegen waren jeweils nur fünf Jahre lang gebaut worden.

Auch wenn der Lieferwagen in Deutschland sehr unüblich war, sind deutschsprachige Prospekte nichts Besonderes. Denn Österreich und die Schweiz waren nach wie vor dankbare Abnehmer. Die meisten Lieferwagen dürften den 2,3-Liter-Diesel unter der Haube gehabt haben. Aber alle Motoren waren lieferbar, sogar der 2,2-Liter-Einspritzer.

Kapitel 13

Ende der 60er Jahre klaffte im Opel-Programm eine gewaltige Lücke zwischen dem Rekord C, der hauptsächlich das 1,7-Liter-Segment bediente, und dem damals neuen Admiral B mit seinem 2,8-Liter-Sechzylinder. Opel kreierte den Commodore als Mittelding mit einem auf 2,5 Liter geschrumpften Admiral-Motor und der luxuriös aufgemachten Rekord-Karosserie. Der Commodore A verkaufte sich gut, sein Nachfolger setzte dessen erfolgreiche Karriere fort, denn die Nische, in der er sich befand, existierte weiterhin, auch wenn der Rekord D nun eher das 1,9- oder 2-Liter-Segment bediente: Zum sechszylindrigen Admiral war noch viel Luft nach oben.

Feines Auto, keine Nische

Dann mischte Opel die Karten neu, und zwar völlig neu. Der Rekord sowie der Admiral-Nachfolger Senator entstammten einer Modellfamilie. Sie basierten auf derselben Bodengruppe, der »V-Plattform«, wenngleich der Große ein paar Zentimeter mehr Luft zwischen den Rädern hatte. Sie teilten sich sogar einige Karosserieteile wie beispielsweise die vorderen Türen. Die beiden neuen Opel waren also eng miteinander verwandt. Zwischen ihnen stand der Commodore C, ebenfalls Bestandteil dieser Modellfamilie. Er kombinierte die lange Senator-Front, unter die der Sechszylindermotor passte, mit dem Karosseriekörper des Opel Rekord und teilte mit ihm die starre Hinterachse, während der Senator eine aufwändige hintere Einzelradaufhängung besaß.

2,5 Liter-Reihensechszylinder. Mit dieser Hubraumzahl konnte man spätestens Anfang der 80er keinen Staat mehr machen. Da mussten es schon 2,7 oder gar 3 Liter sein.

Konzernintern kannibalisiert: Opel Commodore C

Rekord und Senator gönnten dem Opel Commodore C keine Luft zum Atmen und nahmen seinen ursprünglichen Platz ein. Und die Rüsselsheimer suchten auch keine neue Nische für ihn, in der er hätte parken können. Sie konzentrierten sich auf Rekord und Senator/Monza. Der Opel Commodore C stand immer nur in der Mitte und manchmal hatte man den Eindruck, er stand sogar im Weg.

Typisch für Opel in dieser Zeit: Die Ummantelung der Rückleuchten ist nicht aus schwarzem, sondern aus dunkelrotem Kunststoff. Wie auch beim Manta B.

Ein seltener Anblick, das Commodore Taxi. Der Fahrer musste schon großer Opel-Fan sein, um diesen Wagen gewerblich einzusetzen. Was sprach so sehr für ihn, dass ein Mercedes W 124 Diesel für den Taxler unattraktiv wurde? Allenfalls die Individualität.

Als Opel für das Modelljahr 1982 die beiden erfolgreichen Baureihen Rekord und Senator/Monza einem großen Facelift unterzog, wurde die Luft für den Commodore noch dünner. Dem Trend der Zeit entsprechend, wuchs der Opel Rekord weiter an und bediente eine neue Zielgruppe, nämlich diejenigen, denen sogar zwei Liter Hubraum im Mittelklassewagen zu wenig waren. Nunmehr gab es den Opel Rekord E2 mit 2,2-Liter-Einspritzer. Opel ließ dem Commodore C das Facelift nicht mehr angedeihen, es gab keinen Commodore C2. Stattdessen wurde der Senator A2 als Einsteigermodell mit dem 2,5-Liter-Sechszylinder des Commodore versehen, ebenso wie Opel den Top-Motor des Rekord E2, also den 2,2-Liter-Einspritzer, im Senator-Bug versenkte. Das entwertete den Senator ungemein, er wurde zum Vierzylinderauto degradiert und rangierte damit sogar noch unter dem ehemaligen Commodore, über dem er einst angesiedelt war. Doch das änderte nichts daran, dass letztendlich der Opel Commodore konzernintern kannibalisiert wurde.

Von Anfang an ein Mauerblümchen

Dabei ging es so hoffnungsfroh los, auf der IAA 1977: Sie kamen, sie sahen, sie staunten. Doch die IAA-Besucher wussten nicht, was sie sahen. Eine Attrappe nämlich. Der Opel Commodore C feierte, gemeinsam mit seinen Brüdern, die Premiere auf der IAA. Aber nur der Rekord war fertig. Commodore C, Senator A und Monza hingegen waren weit von der Serienreife entfernt. Opel präsentierte die drei mit dunkel getönten Scheiben, und die Fahrzeuge waren durch Kordeln abgeschirmt. Die Besucher durften ihnen nicht zu nahe kommen und sie auf keinen Fall anfassen. Sonst wäre der Schwindel aufgeflogen: Metall fühlt sich kälter an als Plastik. Die drei großen Opel waren techniklose Plastilinmodelle in Echtgröße. Aus einem Kunststoff gefertigt, ließen sich weder Türen noch Hauben öffnen, und die dunklen Scheiben verbargen, dass es keine fertige Innenausstattung gab. Die Fachwelt hingegen beschäftigte sich so sehr mit dem neuen Opel Rekord E, dass kaum jemandem auffiel, dass seine Brüder nur Blender waren. Wie weit die Serienreife damals entfernt lag, belegt vor allem die Tatsache, dass der Produktionsanlauf noch ein ganzes Jahr bis Herbst 1978 auf sich warten ließ.

Den Commodore offerierte Opel als zwei- und viertürige Limousine, der Caravan mit Namen »Voyage« folgte im März 1981. Weil seine Marktnische so klein war, blieb die Typenvielfalt begrenzt, es gab weder ein GS-Modell noch ein Coupé. Von vorne ein Senator, war der Rest vom Rekord, garniert mit breiteren Reifen, Schriftzug und dezenter Zierleiste am Heck. Das war alles: Bei Opel gab es anscheinend keine Idee, wofür der Commodore C künftig stehen sollte.

Der Kunde hatte die Wahl zwischen »Basis« und »Berlina«, beide kombinierbar mit einem S-Paket. Das Interieur war Rekord pur. Zunächst gab es den 2,5-Liter-S-Motor mit 115 PS bis 1982, ab 1981 ergänzt von der

130 PS starken Einspritzerversion. Die S-Ausstattung, lieferbar sowohl für den Basis-Commodore als auch für den Berlina, später auch für den Voyage, beinhaltet ein härteres Fahrwerk, breitere Reifen (195/70 HR 14), Zusatzinstrumente (Drehzahlmesser, Voltmeter, Öldruckmesser) und Vierspeichen-Sportlenkrad, äußerlich einen seitlichen Zierstreifen, schwarze Heckblende, S-Embleme seitlich an den Vorderkotflügeln, Leichtmetallfelgen vom Rekord.

Nicht ganz original: niederländischer Commodore C mit Highjacker-Allüren und Wolfrace-Felgen. Die Anhängekupplung will dazu nicht so ganz passen.

Die S-Ausstattung konnte allerdings das hohe Niveau der einstigen Commodore-GS-Varianten nicht erreichen. Und gerade diese waren für das gute Commodore-Image verantwortlich gewesen. Von Anfang an wurden für den Commodore C einige luxuriösen Extras angeboten, zum Beispiel ein höhenverstellbares Lenkrad, eine Klimaanlage, hintere Kopfstützen, eine Scheinwerfer-Wisch/Waschanlage oder auch Recarositze. Ungewöhnlich für die Zeit war der Tempomat, üblich in der Commodore-Klasse hingegen waren Zentralverriegelung und von innen einstellbare Außenspiegel. Jedoch: Es gab für den Commodore C nichts, was es nicht auch für den Rekord E oder Senator A gegeben hätte.

Dunkelgrün war die Farbe, die Opel dem Commodore C zuwies: Dunkelgrün war das Cover sämtlicher Verkaufsprospekte, der Farbkarten und der Preislisten. Dunkelgrün, genauer gesagt »Piniengrün«, waren die ersten Testwagen für die Presse und Vorführwagen für die Kunden. Ein bemerkenswert großer Teil der Fahrzeuge wurde in diesem ungewöhnlichen Farbton verkauft, Limousinen ebenso wie Kombis. Der Commodore verkaufte sich nur im ersten Produktionsjahr gut, am schlechtesten der zweitürige. Mitte 1981 lief er aus. Dafür kam der »Voyage«, der fünftürige Kombi in Normal- und Berlina-Ausstattung als Reaktion auf den erfolgreichen Ford Granada Turnier mit großvolumigen Sechszylindermotoren. Seit April 1980 bot Opel ein Overdrive-Zusatzgetriebe zur Verbrauchsminderung an und reagierte auf gestiegene Kraftstoffpreise: zunächst aufpreispflichtig, ab Januar 1981 war der Schongang serienmäßig.

Übersetzen im Konvoi: Commodore Voyage mit Verwandtschaft im Schlepptau. Ein Monza ist ein erstrebenswertes Fahrzeug, keine Frage. Aber was ist schon ein Monza gegenüber einem Commodore Voyage? Ein Massenprodukt!

Die Endausführung des Commodore C 1981/82, in der feinen Berlina-Ausstattung. Familienfoto in Schweden, als der Wagen ziemlich neu war, Juni 1983. Er trägt sogar Schmutzlappen mit »Opel«-Schriftzug.

1981 unterzog Opel den Commodore C einer sehr kleinen Modellpflege. Das Basis-Modell hieß nun »Luxus«. Die neue hintere Stoßstange stiftete der Senator und ein breiterer Flankenschutz vermittelten einen neuen optischen Pfiff, die Fensterrahmen waren sportlich geschwärzt. Der Berlina bekam einen dezenten Zierstreifen an der Oberkante der Seitenlinie, Türschweller und Heckblech waren fortan schwarz gehalten. Als der Rekord E2 ab 1982 mit einem 2,2-Liter-Einspritzer nahezu dieselben Fahrleistungen wie der Commodore 2,5 E erreichte, gab Opel die Baureihe resigniert auf. Von September 1978 bis August 1982 liefen 80.521 Commodore C vom Band, darunter 3439 Voyage. Vor allem der Voyage avancierte schon in jungen Jahren zum Liebhaber-Fahrzeug, kaum ein Großserien-Opel ist seltener als er – abgesehen vom zweitürigen Commodore, der als Einspritzer lediglich 35 Mal gebaut wurde.

Was war der Opel Commodore C letztendlich nun? Ein Lückenbüßer? Sicher nicht, denn eine Lücke, die auszufüllen gewesen wäre, gab es nicht mehr. So gesehen, gab es den Commodore C nur, weil es zuvor schon einen Commodore gab und Opel keinen Grund sah, keinen mehr anzubieten.

Trotzdem weltweit anzutreffen

Der Commodore C wurde ausschließlich in Deutschland gebaut, auch diejenigen, die als »Viceroy« vom Oktober 1980 bis Februar 1982 in Großbritannien unter Vauxhall-Markenzeichen verkauft wurden. Das blieben echte Raritäten: 2295 Stück. Lediglich das Kühlergrilldesign, die Stoßstangen, Schriftzüge und die Lenkradposition unterschieden

Gerade mal 2295 Stück: Der Vauxhall Viceroy wurde in Rüsselsheim geboren und für den britischen Markt gebaut. Retuschen am Grill und an den Stoßstangen sollten reichen, um eine Vauxhallisierung herzustellen. Aber es reichte nicht. In der »Executive Class« fuhr der Brite Rover oder Ford Granada.

den Viceroy vom Commodore. Der Viceroy war etwas besser ausgestattet als der Commodore Berlina.

Ein Trost für Commo-Liebhaber mag sein, dass der Commodore ab Oktober 1978 als Holden in Australien einen Siegeszug antrat, der bis 2017 anhielt. In Südafrika gab es sogar einen Commodore C2, aus CKD-Sätzen dort montiert und als Chevrolet vermarktet. Er entsprach zunächst dem Original (Viertürer und Voyage), aber mit 3,8- und 4,1-Liter-Reihensechszylinder. Ab 1983 basierte er auf dem Rekord E2 und war somit der Commodore C2, Antrieb der 3-Liter-cih-Einspritzmotor, zwei Ausstattungsvarianten, sogar LCD-Armaturen. Die Front entsprach dem deutschen Opel Senator/Monza A2, Felgen und Armaturenbrett wurden auch davon übernommen, ausschließlich Rechtslenker, Produktion bis 1990. Und weiterhin produzierte Daewoo für den südkoreanischen Inlandsmarkt den Rekord E, 1983 bis 1990, der sich optisch eher am Commodore als am Rekord orientierte, mit dem alten 1,5-Liter-Motor aus dem Rekord C (60 PS), dem bekannten 1900er-Vergaser mit 85 PS und dem 2-Liter-Vergasermotor mit 101 PS und Automatik, zusätzlich den Diesel in der 2-Liter-Version. Die Ausstattungen hießen »XQ« (mit der Frontgestaltung des Rekord E1), »Prince«, »Duke« und »Salon«, sie trugen die Senator- und somit Commodore-Front. 1987 erfolgte ein umfangreiches Facelift, die Wagen entfernten sich vom Opel-Design, aber die Rohkarosserie entsprach weiterhin jener des Rekord E2, Produktion bis Mitte 1993.

Sieht nach Rüsselsheim aus, kommt aber aus Port Elizabeth: Chevrolet Commodore mit entsprechendem Emblem im Grill. Die kleinen Rückstrahler unter der Stoßstange sind den dortigen Bestimmungen geschuldet.

Kapitel 14

Mit dem Holden »FX«, erstmals im November 1948 von den Fließbändern in Fishermen's Bend bei Melbourne von den Bändern gerollt, war Australien zu den Ländern mit eigener Automobilproduktion aufgerückt. 1954 startete der Export, zunächst nach Neuseeland, und der Wagen, ein konstruktiver Kompromiss zwischen amerikanischen und englischen GM-Produkten, eroberte die Herzen der Australier im Sturm. Die Autos waren stabil konstruiert, Überlandstraßen waren dort nicht asphaltiert, sondern Schotterpisten. Asphaltstraßen gab es nur in den großen Städten. Dank des Holden-Erfolgs zählten Australien und Neuseeland Mitte der 60er Jahre nach den USA und Kanada zu den am stärksten motorisierten Ländern der Welt. Damals begann Holden, von der Ein-Modell-Politik abzurücken.

1965 erschien mit dem »Torana« eine eigenständige, kleinere Modellreihe, basierend auf dem modifizierten britischen Vauxhall Viva, fuhr aber nicht die gewünschten Erfolge ein. Wegen des weiten Landes liebten die Australier und Neuseeländer große und großvolumige Wagen, und der große Holden wurde immer größer und amerikanischer, Ende der 60er Jahre glich er sich konstruktiv dem Chevy II an und wurde luxuriöser, die Modellbezeichnungen lauteten »Wingswood« oder »Brougham«, je nach Ausstattungsumfang und Motorisierung. Doch der neue Holden »Monaro« von 1968 war ein anderes Kaliber. Er war quasi der australische Chevrolet Camaro und orientierte sich stilistisch am Opel Rekord C Coupé, war also ein Hardtop-Coupé im Fastback-Stil ohne B-Säulen und ohne seitliche Fensterrahmen.

Fastback im Stil des Rekord C, aber stärker motorisiert: Holden Monaro GTS, 1968/68.

Traditionell liebten und lieben die Australier sportlich aufgemachte Wagen mit Magnesiumfelgen, reichlich mit Rallyestreifen verziert, rote Kühlergrillumrandung, sportliche Innenausstattung. In Bathurst im Bundesstaat New South Wales findet traditionell das jährliche Tourenwagenrennen statt, die Australier sind motorsportbegeistert, und jeder

Fahrer liebt es, seinen Holden zumindest optisch möglichst nahe den Bathurst-Racern zu gestalten.

Eine weitere australische Besonderheit sind die Pickups und Utes. »Ute« ist die Abkürzung für »Utility Vehicle«. Beide basieren auf dem großen Holden und sind wie er äußerst opulent motorisiert, obwohl sie Nutzfahrzeuge sind. Gerade die Utes sind Kult: Nicht nur ein Kombi, sondern ein Kastenwagen mit erhöhtem Dach, möglichst mit dem größten lieferbaren V8 unter der Haube und einer trendigen Lackierung, oftmals aufwändige Airbrush-Arbeiten, gilt als erstrebenswertes Maximum. Damit gehen die Australier ihren Outdoor-Hobbies nach, und die australischen Rivalen Holden, Valiant (Chrysler) und Ford lieferten sich einen beinharten Wettbewerb um die Käufergunst auf diesem Gebiet.

Die Vernunft kehrt ein: Holden Commodore

Das Holden-Standard-Fahrzeug bis weit in die 70er Jahre hinein blieb der große Holden Kingswood, der Modellwechsel 1978 markierte einen tiefen Einschnitt: Der Kingswood-Nachfolger hieß »Commodore« und entsprach, bis auf die großen, in Australien gefertigten Motoren, exakt dem deutschen Opel Commodore C. Er läutete eine Zeitenwende auf dem australischen Markt ein, denn jetzt zählte nicht mehr schiere (US-) Größe, sondern eher deutsche Ingenieurskunst. Der Wagen wurde down under (neben dem gleich großen Ford Falcon) zum Volksautomobil und erlebte mehrere Generationen. Aber immer bildete ein Opel die Basis: nach dem Commodore C (= Holden Commodore VB bis VL 1978 bis 1988) der Omega A (= Holden Commodore VN bis VS 1988 bis 1997), dann der Omega B (= Holden Commodore VT bis VZ 1997 bis 2007). Danach, weil es keine deutsche Basis mehr gab, wurde der Commodore zum waschechten Australier, also eine Eigenentwicklung, gebaut bis 2017. Danach war Holden kein Automobilproduzent mehr, sondern lediglich eine GM-Importgesellschaft. Gegen das Ende von Holden im Gefolge der Finanzkrise, die den Mutterkonzern GM so stark beutelte, stemmte sich 2015 der belgische Unternehmer Guido Dumarey. Er hatte 2012 das von der Schließung bedrohte Opel-Werk in Strasbourg übernommen und fertigte dort weiterhin Automatikgetriebe. Diese lieferte er auch an Holden in Australien, und so lag ihm die Fortsetzung der Commodore-Fertigung besonders am Herzen. Deshalb plante Dumarey, das Holden-Werk in Port Elizabeth zu übernehmen. Das sorgte 2016 für einige Aufregung in Australien, denn nicht zuletzt hingen an Holden, direkt oder indirekt, rund 10.000 Arbeitsplätze. Letztlich kam es aber zu keinem Abschluss.

Bis 2021 wurden noch importierte Fahrzeuge unter dem Markennamen Holden verkauft, die allerdings nicht mehr in Australien konzipiert und produziert wurden. Auch Ford und Toyota schlossen ihre australischen Werke. Seither gibt es praktisch keine australische Automobilindustrie mehr, und schon gar keinen Holden.

Holden Special Sedan FJ, proudly presented down under. Mit ihm begann die Motorisierung in Australien, eine Mischung aus US-Car (Motoren) und Engländer (Design).

Australien ist ein weites Land. Dort ein lauschiges Plätzchen zum Campen zu finden, ist einfacher als hierzulande. Aber man muss weitere Strecken fahren. Holden EJ Special 1962, kompakt wie ein großer Europäer und fernreisetauglich wie ein US-Car.

Evolutionstheorie: Vom Commo C über den Omega A zum Omega B

Die erste Commodore-Generation down under basiert auf dem deutschen Commodore C. Es gab fünf Generationen, Holden VB (1978 bis 1980), VC (1980 bis 1981), VH (1981 bis 1984), VK (1984 bis 1986) und VL (1986 bis 1988), wobei sich der Wagen bei jeder Überarbeitung optisch und technisch mehr vom Original entfernte.

Die »Australisierung« verantwortete der Holden-Chefdesigner Leo Pruneau (der, damals noch in den USA, auch das Styling des Opel Kapitän/Admiral/Diplomat A entwarf). Die Karosserie musste verstärkt werden, um die schweren Motoren aufnehmen zu können, und die Kugelumlauflenkung wurde durch eine Zahnstangenlenkung ersetzt. Die Ausstattungsvarianten hießen »L«, »SL« und »SL/E«, zu haben mit vier Türen und als Kombi (»Voyage«). Die Motoren aus dem Vorgänger Holden Kingswood, es handelte sich um Reihensechszylinder mit 2838 und 3298-cm³ (87 und 90 PS) und um V8-Maschinen mit 4,2- und 5,0-Liter Hubraum und 119/131 beziehungsweise 155/170 PS.

Die kurzlebige VC-Serie 1980/81 erhielt einen anderen Kühlergrill (Karomuster anstelle von drei Querstreben) und deutlich modernere Motoren: der 2,85-Liter leistete nunmehr 104 PS, der 3,3-Liter 113 PS, der 4,2-Liter-V8 136/156 PS und der 5-Liter-Achtzylinder 172/218 PS. Neu eingeführt wurde ein 1,9-Liter-Vierzylinder mit 79 PS, bei ihm handelte es sich um den um zwei Zylinder gekürzten Reihensechszylinder. Das Spitzenmodell SL/E trug schmucken Zweifarbenlack, die Farbtrennung verlief entlang der Lichtkante. Mit dem VC beteiligte sich Holden an der australischen Rundstreckenmeisterschaft und gründete dazu als Semi-Werksteam das »Holden Dealer Team«.

Die erste, leichte Überarbeitung, der Commodore VH von 1981 als Commodore SL und als SL/E mit Zweifarbenlackierung, innen Velours und Klima.

Nahezu keine optischen Veränderungen erfuhr der VH (1981 bis 1984), doch es gab Fünfgang-Getriebe für die kleinvolumigen Maschinen, die obendrein etwas an Leistung einbüßten, um den Kraftstoffverbrauch zu senken. Die Ausstattungen hießen jetzt »SL«, »SL/X« und »SL/E«, dieser nun mit Bordcomputer und Tempomat. Nach wie vor waren die Commos bei australischen Rundstreckenrennen absolute Favoriten, was ihrem Renommee ungemein gut tat. Dennoch holte der Ford Falcon in der Käufergunst immer mehr auf, er war auch das größere Fahrzeug mit deutlich mehr Innenraum. Und, vor allem, er war seit 1972 ein in Australien für Australien konstruierter Wagen.

Holden war zu einem Generationenwechsel gezwungen. Aber es war kein kompletter Generationenwechsel, sondern ein halbherziger. Denn der neue Holden basierte nicht auf dem Senator B beziehungsweise Omega A, auch wenn er den Eindruck erweckte: Sein Rückgrat bildete weiterhin die (modifizierte) Bodengruppe des Opel Commodore C, davon rückte Holden auch nicht ab, alleine schon wegen dessen stabilem Fahrwerk mit hinterer Starrachse. Die darüber gestülpte Senator-Karosserie zeigte sich ebenfalls schwer überarbeitet; unverändert wurden nur die Türen übernommen. Der Holden Commodore VN ab 1988 wurde wieder als Viertürer und Kombi gebaut. Es gab keine Vierzylinder mehr, statt dessen einen neu eingeführte 3,8-Liter-V6; der Fünfliter-V8 blieb. Nunmehr gab es in der Commodore-Reihe erstmals einen Pickup, einen »Ute«. Es folgten regelmäßige Überarbeitungen, was zu neuen, internen Bezeichnungen führte: Der australische Käufer orientierte sich, was die raschen Modellwechsel betrifft, am US-amerikanischen Vorbild. Der Commodore VP trug andere Vorderblinker, ansonsten waren es hauptsächlich der Grill und die Stoßfänger, die verändert wurden. Und natürlich die Ausstattungsversionen, gepaart mit limitierten Sondermodellen. Der VR ab 1993 zeichnete sich durch überarbeitete Fünflenker-Hinterachse und Airbag aus. Die letzte Evolutionsstufe war der VS von 1995 bis 1997, serienmäßig geliefert mit Beifahrer-Airbag und neuen Ecotec-Motoren, und es gab sogar sportliche Versionen, die auf die Namen »Senator« und »Manta« hörten. Zwischen 1988 und 1996 bot Toyota in Australien eine umetikettierte Holden-Commodore-Version als Toyota »Lexcen Sedan« an, parallel zum Holden Commodore.

1997 erschien mit dem VT die dritte australische Commodore-Generation auf der Bodengruppe des Opel Omega B, die zehn Jahre lang bis 2007 und dem Modell VZ Bestand haben sollte. Für Vortrieb sorgten

In Europa hörte man vom Holden Commodore nahezu nichts. Außer man hörte ihn auf dem Racetrack röhren. Tom Walkingshaw in Zolder mit einem heißen '88er Commodore VL.

Der zweite Holden Commodore, der VP von 1991, mit seiner dem Senator nahen Karosserie.

zwei 3,8-Liter-V6-Ecotec (195/225 PS), zwei 5-Liter-V8 (236/257 PS), später der 5,7-Liter-V8 aus der Corvette. Zu haben waren sie lediglich mit Automatik in den Ausführungen als Viertürer, Caravan und Pickup. Die VZ-Serie ab 2004 brachte neue 3,6-Liter-V6-Alloytec-Motoren aus Leichtmetall (235/255 PS) statt der 3,8-Liter-Ecotec-Aggregate, gleichzeitig neue 5- und 6-Gang-Schaltgetriebe. Nun bot Holden auch ein Coupé namens »Monaro« auf der Omega-B-Grundlage an, das Vauxhall eine Zeitlang nach Großbritannien importierte und auf dem Bitter seinen Prototyp Bitter CD2 entwickelt hatte. Zuletzt offerierte Holden den Caravan auch höher gelegt mit permanentem Allradantrieb, er hieß Holden »Adventra«. Mit dem Holden VZ endet die Geschichte des Holden Commodore auf Opel-Basis.

Was danach kam, waren australische Eigenentwicklungen: 2006 erschien der Holden VE bis 2013, sein facegelifteter Nachfolger VF lebte

Commodore VP von 1991: eine komplette Modellfamilie, bestehend aus Viertürer-Limousine, Kombi und Pickup, erstmals mit Schräglenker- anstelle der starren Hinterachse für einige Varianten.

bis 2017. Diese Holden-Eigenkonstruktionen sollen hier nur der Vollständigkeit halber Erwähnung finden – zumal der Wagen auch unter anderen GM-Markennamen exportiert wurde, so als Chevrolet »Lumina« nach Südafrika und in den Mittleren Osten, als Chevrolet »Omega C« nach Brasilien (als Nachfolger der Modellreihe Chevrolet Opala/Omega A/Omega B) sowie als Pontiac »G8« in die USA. Zudem bildete der Holden VE auch die Basis für den Bitter »Vero« des Erich Bitter, eine Kleinserie von zehn Exemplaren, gebaut 2008/09.

Der letzte Holden Commodore war der Typ ZB von 2018 bis 2020, ein aus Deutschland importierter, dem australischen Markt angepasster Opel Insignia B. Er entsprach nicht den Erwartungen der australischen Commodore-Klientel, er war zu klein, zu schwach, hatte keinen V8 und außerdem Frontantrieb. Es stieß auf allgemeines Unverständnis, dass diesem Wagen der traditionelle Name »Commodore« verliehen wurde. Der Commodore ZB alias Insignia war ein kompletter Misserfolg und hatte als Gebrauchtwagen einen größeren Wertverlust als jeder andere vergleichbare Wagen auf dem australischen Markt. Noch bevor GM

Nunmehr den Omega B als Basis: Commodore VT ab 1997, hier der Commodore SS mit Vollausstattung und Heckspoiler. Unter der Haube der Corvette-Motor, 5,7-Liter-V8.

Eine australische Eigenkonstruktion, keine Opel-Verwandtschaft mehr: Der Commodore VE erschien 2013, im Bild die Faceliftversion VF in der Ausstattungsvariante Calais von 2013.

den Entschluss fasste, die Marke Holden zu beerdigen, stoppte man die Produktion des Commodore ZB, auch weil Opel mittlerweile zur Stellantis-Gruppe gehörte und General Motors somit keinen Zugriff auf den Insignia made in Rüsselsheim mehr hatte.

Das unbekannte Fahrobjekt: Bitter Vero, auf dem letzten, echten Holden Commodore VE basierend, nur zehn Exemplare 2008/09. Gesehen auf dem Alt-Opel-Treffen 2022 in Altusried.

Made in Rüsselsheim, verkauft only down under in Australien: Holden Commodore des Jahrgangs 2018, die Typen VXR, Calais und Calais V Tourer alias Opel Insignia B.

Unbekanntes Wesen: Der Opel Calais

Und dann gibt es das Land Malaysia in Südostasien. Dort ist GM selbstverständlich mit einer eigenen Importgesellschaft vertreten und bietet unterschiedliche Fahrzeuge an, teilweise wüste Mixturen mit erstaunlichen Namen. So gab es in Malaysia (und nur dort!) zwischen 1994 und 1997 einen Wagen namens Opel »Calais«. Das ist der Holden VR respektive VS in seiner Ausstattungsversion Calais, also dem mittleren Luxusgrad, mit dem deutschen Opel-Motor mit 2594 cm³ (der 2,6-Liter-Einspritzer aus dem Omega A und Senator B, eine Ableitung des 3-Liter-cih-Aggregats). Den Kühlergrill teilte der Opel Calais mit dem luxuriösen Holden Statesman, ein paar Details steuerte der Holden Caprice bei, Opel lieferte den Motor und spendierte den Namen. Das war kurios, denn Opel ist in Malaysia nicht gerade gut etabliert, so wenig wie Holden. Aber Chevrolet ist es, und so wäre es nahe liegend gewesen, den Wagen Chevrolet Calais zu nennen. Doch irgendwer entschied, dass der Wagen »Opel« heißen sollte. Hergestellt wurde der Opel Calais in Australien am Holden-Fließband, und der komplette Ausstoß wurde nach Malaysia verschifft. 1998 erhielt der Opel Calais einen neuen Motor, einen amerikanischen 2,5-Liter-V6; kurz darauf waren Wagen dieser Größe aufgrund der asiatischen Finanzkrise dort ohnehin nicht mehr absetzbar und GM Malaysia beschränkte sich vorübergehend auf Kleinwagen.

Sieht aus wie ein modifizierter Senator B, wurde aber in Australien ausschließlich für den Markt in Malaysia gebaut: Opel Calais 1994 bis 1997.

Kapitel 15

So umfassend neu war seit Jahrzehnten kein Mittelklasse-Opel mehr - so neu war er, dass er sogar einen neuen Namen rechtfertigte. Omega statt Rekord, Omega, der letzte Buchstabe im griechischen Alphabet und obendrein ein etablierter Markenname schweizerischer Qualitätsuhren. Letzteres war für das Renommee des Namens und des automobilen Produktes, das mit ihm konnotiert werden sollte, garantiert kein Fehler. In die angestammte Reihe von Opel-Typenbezeichnungen passte »Omega« zwar nicht. Aber damals verabschiedete sich Opel ohnehin von traditionellen Bezeichnungen und setzte auf wohl klingende Kunstwörter, zumeist von Manfred Gotta erfunden. Angeblich soll sich »Omega« in einem internen Entscheidungsfindungsprozess gegen »Modena« und „Antara" durchgesetzt haben (20 Jahre später brachte es »Antara« doch noch zur Opel-Typbezeichnung, ein SUV hieß so). In erster Linie ist Omega natürlich die Bezeichnung für den letzten Buchstaben des griechischen Alphabets und bezeichnet damit metaphorisch die Vollendung. Opel konnte 1986 nicht wissen, dass diese Typenreihe nach Einstellung des Omega B 2003 keinen direkten Nachfahren bekommen würde. Insofern war »Omega« als Typenbezeichnung fast schon visionär. Wie hätte ein Omega-Nachfolger denn heißen sollen? Nach Omega kommt nichts mehr!

Aerodynamischer Hoffnungsträger

Nie zuvor hatte Opel mehr Geld in die Entwicklung eines neuen Modells gesteckt, 2,5 Milliarden D-Mark ab 1981. Die Karosserie (Design Herbert Killmer) war mit cw = 0,28 jahrelang aerodynamischer Vorreiter und unterbot sogar den Audi 100 C3. Killmer orientierte sich, zumindest frontal, an der 1981er Designstudie »Tech 1« (Entwurf: Erhard Schnell). Es blieb allerdings bei einer klassischen Stufenheck-Limousine mit vier Türen und einer Caravan-Version, während Ford beim Scorpio auf das »Aero-Heck« setzte und meinte, sich einen Turnier sparen zu können (eine riesige Fehlentscheidung!). Bemerkenswert sind die hinteren Radausschnitte, deren oberer, eckiger Abschluss auf Höhe des umlaufenden Flankenschutzes liegt. Interessant: Orientierten sich jahrzehntelang die Opel-Designs an amerikanischen Vorbildern, so wurde nun der Opel das Vorbild für US-Cars, eine Umkehrung tradierter Werte: Die teilverschalten Hinterräder am Chevrolet Caprice und am Buick Roadmaster von 1989 waren eindeutig abgekupfert vom Omega – ändert nichts daran, dass es sich dabei um eine ganz kurzlebige Mode handelte. Allerdings war genau dieses Stylingelement in den USA von Anfang an umstritten, weswegen der Caprice bei seinem Facelift zum Modelljahr 1994 konventionelle hintere Radausschnitte erhielt. Und zumindest in seinen Sportversionen kehrte auch der Omega A zu runden Radausschnitten zurück. Ein echter Fortschritt war die niedere Ladekante: Die Kofferraumklappe reichte herab bis auf das Niveau des Stoßfängers. Die Scheibenwischer versteckten sich hinter der Kante der Motorhaube, wie bei der Mercedes S-Klasse W126 seit 1979. Doch

Opel hatte diese GM-Errungenschaft bereits 1969 mit dem Kapitän/Admiral/Diplomat B nach Europa gebracht. Der Omega A war der letzte Opel mit Heckantrieb.
Nach der Premiere im Oktober 1986, mit großem Rummel und Werbeaufwand betrieben, wurde der Omega begeistert aufgenommen, viel gelobt und zum »Auto des Jahres 1987« gekürt. Immerhin punktete er nicht nur mit einem sensationellen Aerodynamikwert, sondern auch mit viel Elektronik, darunter einem elektronischen Fahrwerk, das zuvor nur der Porsche 959 zu bieten hatte, und einer elektronischen On-Board-Diagnose zur Fehlerauslesung. Und die Klimaanlage kühlte auch das Handschuhfach. Ebenfalls modern war serienmäßiges ABS für den Omega CD und alle Sechszylinder, für die Vierzylinder gegen Aufpreis zu haben. Das war für Opel schon alleine deshalb ein Muss, weil Ford dem Scorpio (Premiere im März 1985, also anderthalb Jahre vor dem Omega) in all seinen Varianten ABS serienmäßig beschert hatte. Frühe Fahrzeuge litten unter Qualitätsproblemen, weil Opel die computerunterstützte Fertigungsanlage anfangs nicht im Griff hatte. Das mag auch dazu geführt haben, dass der Serienanlauf des auf derselben Produktionsstraße laufenden Senator B nach hinten verschoben wurde. Die komplexe Bord-Elektronik machte hingegen kaum – oder erst mit zunehmendem Fahrzeugalter – Ärger.

Der absolute Durchschnitts-Omega, wie man ihn zu Tausenden sah: Omega GL 2.0i, trotz der Bezeichnung »Grand Luxe« das Basismodell mit seinen typischen Radkappen im Turbinendesign. Immerhin Servolenkung, höhenverstellbarer Fahrersitz und elektrisch verstellbare und beheizbare Außenspiegel serienmäßig.

Bekannte Motoren, neue Bezeichnungen

Seine Motoren erbte der Omega vom Vorgänger. Die 1800er-Motoren entstammten dem Rekord, daraus wurden 2-Liter-Aggregate abgeleitet. Zunächst gab es den 1800er mit 82 und 90 PS, als Einspritzer mit 115 PS. Ab dem Folgejahr 1987 bis Herbst 1991 stand in dieser Hubraumgröße nur noch der 1,8-Liter-S mit 88 PS zur Verfügung (auf dem deutschen Markt nur bis Herbst 1989 lieferbar). Den 2 Liter offerierte Opel bis 1988 mit 122 PS und gleich ab Serienstart mit Katalysator und 115 PS. Dann gab es von August 1988 bis Herbst 1991 noch den 125 PS starken 2,4-Liter-Vierzylinder (cih-Motor, der aufgebohrte 2.2i aus dem Rekord E2) und ab Herbst 1990 einen 2,6-Liter-Sechszylinder mit 150 PS, eine Ableitung des 3-Liter-Aggregates. Das Spitzenmodell hieß »Omega 3000«, war ab Herbst 1987 zu haben und hatte einen Dreiliter-Motor mit sechs Zylindern unter der Haube. Als sportliche Reiselimousine ausgelegt, garnierte Opel ihn rundum mit Spoilern. Zunächst brachte der aus dem Senator bekannte Reihensechszylinder 177 PS (156 mit Katalysator), ab Frühjahr 1988 modernisiert mit 177 PS mit Kat. Im Oktober 1989 folgte der 3.0 24V mit Vierventil-Technik und satten 204 PS. Während der Omega 3000 als Limousine verspoilert und sportiv aufgemacht war, gab sich der Sechzylinder-Caravan dezent, nur der Heckschriftzug verriet die 204 PS des damals schnellsten Serienkombis in Deutschland (Topspeed 220 km/h). Der Diesel markierte das andere Ende der Leistungsskala, er war als Sauger mit 73 PS dem 1,4-Tonnen-Wagen nicht gewachsen, und auch als 2,3 Turbo mit 90 PS (100 PS ab 1988 dank Ladeluftkühlung) tat er sich immer noch schwer. Letztlich war der Opel-Dieselmotor zu Zeiten des Omega A hoffnungslos veraltet, Privatkunden orderten ihn selten, Behörden und Gewerbetreibende eher.

Spätestens mit dem Omega A war Opel bei den Taxifahrern etabliert, die Allmacht des Sterns begann zu bröckeln – auch, weil eine E-Klasse für manche Taxiunternehmer schlichtweg zu teuer wurde.

Von den verkappten Rennwagen abgesehen, gab es sämtliche Motoren sowohl in der Limousine als auch im Caravan. Gerade mit den Dreiliter-Maschinen und seinem immensen Laderaum war der Opel Omega Caravan ein sehr freizeitorientierter Wagen. Alle Omega hatten ein neu konstruiertes Fünfgang-Getriebe, alternativ Automatik. Das Fahrwerk entsprach den Zeitanforderungen, vorne eine MacPherson-Achse, hinten endlich die Schräglenkerachse aus dem Senator A, dazu vier Scheibenbremsen.

Opel sortierte die Ausstattungen neu – wenn das Auto schon einen neuen Namen trug, so sollten die Ausstattungsbezeichnungen auch nicht mehr zu sehr an den Rekord erinnern. Nur der Name »LS« überlebte, dieses Einsteigermodell wurde aber nur Behörden angeboten. Für einige Exportmärkte gab es ihn auch als Caravan, in alter Tradition als Lieferwagen, wobei die hinteren Seitenscheiben nicht verblecht, sondern foliert waren. Für deutsche Käufer begann der Omega-Spaß mit der Version »GL«, die bereits ein vernünftiges Ausstattungsniveau bot: Fünfgangbox, Servolenkung, höhenverstellbarer Fahrersitz mit Lordosenstütze, Radkappen im Turbinendesign, ab 1990 15- statt 14-Zoll-Felgen. LS und GL hatten eine Veloursausstattung, alternativ Kunstleder. Über dem GL rangierte der »GLS« mit Feinveloursmöblierung, Zentralverriegelung, Drehzahlmesser, Mehrtonhorn, Vierspeichenlenkrad, Check-Control-System und Radkappen im Edelstahl-Look. Topmodell war der »CD« mit feinerem Velours, ABS, Computer, hinteren Kopfstützen, Radio mit Frontscheibenantenne, im Caravan mit Niveauregulierung. Dazu gab es zusätzliche Ausstattungspakete wie »Diamant« (Metalliclack, Grill- und Spiegelgehäuse in Wagenfarbe, getönte Scheiben, größere Mittelkonsole, Lenkrad und Schaltknauf lederbezogen, Radio, Alus) und »Edition 88« (für GLS und CD, Breitreifen, Alus, getönte Scheiben, große Mittelkonsole, Metalliclack), obendrein einen Irmscher-Tuningkit ab Werk mit Frontspoiler, Heckspoiler, tief herab gezogener Heckschürze, Seitenschwellern, Alufelgen und Irmscher-Lenkrad. 1990 kam das Sonderausstattungspaket »Serie Sportive« für GL, GLS und CD, Alus im Sterndesign mit Breitreifen, innen Stoffe im Karostyling und einige Attribute des Omega 3000. Verwandt mit der Serie Sportive war der 1989er Caravan »Club« mit identischen Polstern und weiteren Goodies.

Ab Februar 1987 bildete der Omega »3000« mit 177 PS die Spitzenmotorisierung, sportive Ausstattung (basierend auf dem GLS) mit serienmäßigem Irmscher-Bodykit, Grill in Wagenfarbe, Fahrwerk 25 mm tiefer gelegt mit Gasdruckdämpfern, innen Teillederausstattung, Doppelrohrauspuff, ABS, geschmiedete Alufelgen, Sperrdifferenzial und Ölkühler. Im Herbst 1989 wurde er ersetzt durch den Omega »3000 24V« mit 204 PS dank Vierventiltechnik.

Ohne sportiven Zierrat, aber mit demselben Motor, gab es 1989 den Omega Caravan »3.0i« mit GLS-Ausstattung, damals Deutschlands schnellster Serienkombi, abgelöst nach nur einem Jahr vom Omega Caravan »24V«. Letztendlich sprach der Omega 3000 die Senator-Klientel an, setzte aber auf optische Sportlichkeit. Opel peilte damit jene »Senatormen« an, die noch keine grauen Schläfen hatten.

Auch Opel-Motoren können schön sein, und ein wenig rote Farbe hilft immer: Der 3-Liter 24V von 1989.

Für das Modelljahr 1991 erhielt der Omega A ab August 1990 ein kleines Facelift. Der Kühlergrill wurde etwas schmaler, und eine umlaufende verchromte Zierlinie war der Tribut daran, dass die Kunden trotz modernem Funktionalismus eben nicht auf Chromzierrat verzichten mochten. Die neuen Stoßfänger trugen Wagenfarbe im Mittelteil und wirkten dadurch nicht mehr gar so billig, vordere Blinker und Rückleuchten wurden modifiziert. Die Ausstattungspakete Diamant und Serie Sportive wurden beibehalten, letztere nunmehr als eigene Ausstattungsvariante.

Aus dem CD wurde der »CD-Diamant« und als sportliche Version gab es den Omega »Sportive«, Basismodell blieb der GL. Etwas besser ausgestattet war der »GLT«, das 1993 erschienene, letzte Omega-A-Sondermodell auf GL-Basis mit Zentralverriegelung, Drehzahlmesser, Glas-Schiebedach, innen Velours. Der Omega 3000 bekam zum Modelljahr 1992 eine reichhaltigere Ausstattung (elektrische Fensterheber, Glasdach, Lenkradhöhenverstellung). Er verschwand als eigenständiger Typ Anfang 1993, den 24V-Motor gab es weiterhin im Omega Sportive, wenn auch ohne Bodykit und Teillederausstattung. Das letzte neue Sonderausstattungspaket erschien im Frühjahr 1993: Der Omega »Business Class« mit D-Netz-Telefonanlage, Automatik, Klima und Edelholz-Imitat sollte Dienstwagen-Berechtigte ansprechen.

Der Omega Evolution 500

Max und Moritz lassen grüßen: »Dieses war der erste Streich, doch der zweite folgt sogleich.« Der Omega »Evo 500« war der erste Streich, dem Opel in Form des Lotus Omega den Hammer folgen ließ. Opel wollte sich in der Deutschen Tourenwagen-Meisterschaft (DTM) mit dem Omega engagieren, wozu aus Homologationsgründen eine 500er-Serie zulassungstauglicher Fahrzeuge von Nöten war: So entstand der Omega Evolution 500 auf Basis des 204 PS starken Omega 3000 24V. Die Straßenversion, präsentiert auf der Essen Motor Show Ende 1990, wurde von einem von Irmscher bearbeiteten Dreiliter-24V-Motor beflügelt, 230 PS stark, 249 km/h schnell, rund 90.000 D-Mark teuer.

Die Optik stammte ebenfalls von Irmscher, ein Rundum-Bodykit, runde hintere Radausschnitte, GfK-Kotflügel sowie ein Heckflügel, der ab Tempo 90 peu-à-peu automatisch ausgefahren wurde und seine definitive Höhe bei 140 km/h erreichte, sehr breite Räder (225/50 ZR 16 auf Fünfstern-Alus oder 235/40 ZR 18 auf ATS-DTM-Felgen), innen luxuriös mit Leder und speziellen Türverkleidungen im Camouflage-Design, Recaro-Vordersitze, Sportlenkrad. Der Wagen war ausschließlich in Novaschwarz Metallic lieferbar und wurde ein Jahr lang hergestellt, von September 1990 bis August 1991, angeboten in Deutschland, Österreich und der Schweiz. Es ist möglich, dass keine 500, sondern nur 321 Evo 500 gebaut wurden.

Als DTM-Fahrzeug (15 Evo 500 wurden bei Irmscher zum Rennwagen mit 380 bis 430 PS umgebaut) war der Omega nicht besonders erfolgreich und lief nur in den Saisons 1990 und 1991 (Teams Irmscher, Schübel und Eggenberger, kein Sieg). Der Hauptnachteil des DTM-Omega war sein Gewicht, trotz viel Kohlefaser und Magnesium statt Stahl. Der Omega Evo war das Lehrstück, der Calibra V6 4x4 das Meisterstück des Opel-Rennstalls. Sein Tourenwagen-Einsatz gipfelte im Meistertitel 1996.

Ein bisschen Werbung für die Schweizer: Prospektblatt von GM Biel für den Evo 500 von 1991. Die runden Kotflügelausschnitte, der Karosseriekit, der Flügel – im Nachhinein verbindet das der Betrachter mit dem Lotus Omega. Aber der Evo 500 war der erste Adrenalin-Omega. Als er erschien, war der Lotus Omega zwar längst präsentiert und bekannt, aber er wurde eben noch lange nicht ausgeliefert.

Omega rennt: Evo 500 von Kissling-Motorsport, in der letzten Ausbaustufe mit 510 PS, von Gerd Dobersch in der STT-Serie eingesetzt. Dobersch gewann 1996 die Spezial Tourenwagen Trophy STT.

Beinahe die Millionengrenze erreicht

Wie zuvor offerierte Opel Sonder- und Behördenfahrzeuge: Polizei, Bundeswehr, Feuerwehr, Kommunalfahrzeuge, Taxi, Fahrzeuge für Rollstuhlfahrer, Fahrschulwagen. Die für Kranken- und Bestattungswagen zuständigen Spezialisten nahmen sich ebenfalls des Omega an. Genormte Bestattungswagen von Pollmann waren sogar über das Opel-Händlernetz verfügbar.

Der Vauxhall »Carlton«, das Pendant für den britischen Markt, entsprach dem Opel Omega und entstand am Fließband in Rüsselsheim. Natürlich Rechtslenkung, die Ausstattungen waren etwas anders abgestuft. Nach wie vor war der große Ford auf der Insel der Platzhirsch, der Vauxhall Carlton spielte eine Nebenrolle. Das Topmodell hieß dort nicht CD, sondern »CDX«, darüber rangierte bei Vauxhall sogar noch eine Ebene, der »CDX Diplomat« mit allen Extras serienmäßig als Ge-

genstück zum Ford Granada Ghia X. Der sportliche Omega 3000 hieß auf der Insel »Carlton GSI 3000«.

Der Omega A lebte von August 1986 bis August 1993, doch Opel fertigte genügend Fahrzeuge im Voraus, um den Markt bis März 1994 bedienen zu können. Denn der Nachfolger erschien erst im April 1994. Der erste Omega kratzte an der Millionen-Grenze. Exakt 961.241 Wagen wurden gebaut, darunter 47.955 Omega 2.4, 44.642 Omega 2.6, 15.917 Omega 3.0 sowie 15.383 Omega 3.0 24V.

Ganz feiner Kombi: Caravan 24V des Modelljahrs 1993, nun mit neuen Alus im Sechsstern-Design, die Leisten um die Seitenscheiben schwarz lackiert.

Top-Caravan mit geschwindigkeitsabhängiger Servolenkung, Wurzelholz, auf Wunsch lederbestuhlt.

Manueller Serienbau, so nennt man das. Blick in die Hallen von Conrad Pollmann in Bremen, Omega Bestattungswagen im Karosserierohbau, und zuvorderst ein fertiger in voller Pracht.

Rechtslenkung, andere Ausstattungen, sonst keine Unterschiede: In Großbritannien hieß der Omega A Vauxhall Carlton, im Bild ein bestausgestatteter Carlton CD Estate.

Kapitel 16

Eine Autobahn im tempounlimitierten Deutschland. Beste Sicht, kein Verkehr. Ein BMW M5 lässt's krachen, der Fahrer tritt sein Gaspedal voll durch, alle 340 Pferde sind in Aktion, Tempo 250. Er kämpft gegen seinen Rivalen, menschlich wie automobilistisch. Der Feind heißt Mercedes 500 E. Dessen satter V-Achtzylinder bringt es „nur" auf 320 PS, stemmt aber 470 Newtonmeter auf die Kurbelwelle gegenüber 400 beim BMW. Beide sind bei 250 km/h abgeregelt, beide brauchen gut sechs Sekunden für den magischen Spurt auf Tempo 100. Beide fühlen sich wie die Könige der Autobahn. Dann kommt von hinten ein Opel, vermeintlich ein harmloser Opa-Omega, dunkelgrün. Dessen Fahrer betätigt lässig die Lichthupe. Der BMW und der Mercedes können es nicht fassen, denn der Omega zieht vorbei, mit gefühlten 300 Sachen, und zeigt den etablierten Premiumprodukten den Heckspoiler und die Rücklichter. Und das soll ein Omega sein?
Jein.
Denn es ist ein Lotus Omega. Und der schafft in zeitgenössischen Tests, was kein Opel je wieder wird leisten können: Er zeigt dem Ferrari Testarossa beim Sprint aus dem Stand auf Tempo 200 die Rücklichter. Viele Autotester jener Tage haben sich nicht getraut, das Gaspedal ganz durchzutreten, denn dann wären sie in Geschwindigkeitsregionen vorgestoßen, die sie vielleicht nicht beherrscht hätten: 283 km/h, weil 377 PS!

Sein und Schein

Auf dem Genfer Salon im März 1989 drehte sich eine Studie verheißungsvoll im Rampenlicht. Der Lotus Omega. Sie hatte einen bei Tempo 160 elektrisch ausfahrbaren Heckspoiler. Beim Serienmodell war er starr. Es sollte noch anderthalb Jahre dauern, bis der Lotus Omega lieferbar war. Auf ihn warteten die Fans, dies- und jenseits des Ärmelkanals. Opel versüßte den Lotus-Omega-Enthusiasten das Warten mit dem Omega Evo 500, ein limitierter Sportwagen, von Irmscher aufgearbeitet und 230 PS stark. Aber das war nichts gegenüber der Über-Kanone von Opel. Eigentlich ist der Lotus Omega ein englisches Auto, und dort hieß er »Lotus Carlton«, weil der Omega in England als Vauxhall »Carlton« verkauft wurde. Und gebaut wurde der Lotus Omega auch in England, und zwar in Colin Chapmans Firma Lotus.
Colin Chapman gründete Lotus 1952 und baute für seine Kunden rennsporttaugliche Sportwagen wie den Europa und Elan in kleiner Serie. Lotus war in der Formel 1 aktiv und erfolgreich, die Firma machte sich einen hervorragenden Namen als Tuner von limitierten Hochleistungsfahrzeugen auf Basis von Serienautos. Zwischen 1986 und 1993 war General Motors der Eigentümer von Lotus, und in dieser Zeit entstand der Lotus Omega. Der Markenname des Lotus Omega lautet weder Opel noch Vauxhall, der Hersteller ist Lotus. Nur die Karosserie kam aus Rüsselsheim und wurde zu Lotus Cars nach Hethel in der Grafschaft Norfolk verschifft. Opel ging es um einen Imageträger, ums

Prestige. Lotus-Chef Mike Kimberley unterhielt gute Beziehungen zum GM-Europa-Boss Bob Eaton, und die beiden baldowerten 1988 das Projekt aus.

Lotus nahm den Opel-Diesel-Motorblock als Basis, weil er stabiler als die Benzinmotoren war. Der reguläre Dreiliter-Reihensechser wurde auf 3,6 Liter vergrößert und erhielt neue Einlass- und Auspuffkrümmer, Mahle-Kolben, neue Pleuel und eine geschmiedete Kurbelwelle. Dazu kamen zwei Garrett-T25-Turbolader, jeder mit Ladeluftkühler versehen. Um das hohe Drehmoment verkraften zu können, implantierten die Lotus-Ingenieure das Sechsgang-Getriebe aus der Corvette ZR-1, das Differenzial stammte vom Holden Commodore. Eine Allradvariante wurde erprobt, doch der Lotus Omega blieb ein Hecktriebler.

Das Opel-Triebwerk bildet die Basis, Lotus modifizierte es nach allen Regeln der Kunst. Zum Beispiel durch zwei Garret-T25-Intercooler-Turbolader.

Die innen belüfteten Scheibenbremsen kamen von AP und basierten auf Rennbremsen der Gruppe C. Die speziellen, zweiteiligen Ronal-Felgen (vorne 8,5J x 17, hinten 9,5J x 17) füllten die kompletten Radhäuser plus Verbreiterungen aus, weswegen der Lotus Omega auch hinten runde Radausschnitte trägt. Nur eine Reifensorte war für den Lotus Omega zugelassen, hergestellt von Goodyear und mit einem Ω-Symbol an der Flanke versehen. Wegen ihrer Monopolstellung waren sie sündhaft teuer. Wie überhaupt alle Ersatzteile schon Anfang der 90er Jahre, als der Lotus Omega aktuell war, utopisch viel Geld verschlangen. So kostete ein Heckschriftzug 160 D-Mark gegenüber 15 DM für einen üblichen Omega-Schriftzug. Das Fahrwerk wurde im Prinzip beibehalten, aber der Leistung angepasst.

Bei seiner Präsentation auf dem Genfer Salon 1989 zog der Lotus Omega alle in seinen Bann. Niemand hätte Opel ein solches Auto zugetraut. Er war neben dem Alpina B10 Biturbo auf BMW-Basis die schnellste Serienlimousine der Welt (gestoppte 283 km/h auf der Rennstrecke in Nardo), überflügelte den Alpina sogar in Sachen Drehmoment (568 Nm) und Beschleunigung. Als die Studie vorgestellt wurde, war die Motorenentwicklung lange noch nicht abgeschlossen.

Der Lotus Omega entstand in Hethel bei Lotus aus angelieferten Omega 3000 24V, zwei Stück täglich. Nur rund 20 spezialisierte Opel-Händler waren autorisiert, den Lotus Omega zu verkaufen und zu warten. Die Öffnungen in der Motorhaube sehen nicht nur gut aus. Sie dienen der Kühlung der beiden Turbolader. Und die Lufteinlässe im Frontspoiler sind für die beiden Ölkühler. Wenn er fährt, benötigt er 5,4 Sekunden für den Spurt auf Tempo 100 und 17 Sekunden, bis er 200 rennt. 377 PS sind auch heute noch eine reife Leistung – zumindest für einen Verbrenner-Benzinmotor.

Missverstandene deutsch-britische Gemeinschaftsproduktion

Komplette Omega 3000 entstanden in Rüsselsheim auf einem gesonderten Band, alle waren dunkelgrünmetallic lackiert und wurden in Hethel zunächst vollständig zerlegt. Motor und Getriebe wurden zurück nach Rüsselsheim geschickt, wo sie in das nächste Los zukünftiger Lotus Omega wanderten; das ermöglichte es, am Fließband die Elektronik zu testen und die Wagen zu bewegen. Andere Serienkomponenten wie Bremsen und Radnaben ersetzte Lotus durch Eigenkonstruktionen. Ebenfalls bei Lotus erfolgte der Karosserieumbau (Verstärkungen, neuer Getriebetunnel, Anbringen der Aerodynamikteile). Lotus komplettierte auch die Innenausstattung (Klimaanlage, CD-Player, Alarmanlage, Leder und Holz). Die Vordersitze basierten auf den Serienmöbeln, die hinteren Einzelsitze waren Neuentwicklungen. Auf dem Deckel des Handschuhfachs fand sich eine Plakette mit der laufenden Nummer. Der Lotus Omega entstand zum größten Teil in Handarbeit (ca. 150

Stunden pro Auto), was ihn entsetzlich teuer machte. 125.000 D-Mark musste ein Kunde dem Opel-Händler bzw. 48.000 britische Pfund dem Vauxhall-Dealer zahlen. Die Produktion pendelte sich bei 13 Autos pro Woche ein. Sie wurden von ausgesuchten Händlern verkauft und gewartet. Der Käufer hatte die Wahl zwischen Imperialgrün Metallic und Schwarz und konnte für ein Autotelefon votieren. Sonst gab es keine Extras. In Deutschland wurden 393 verkauft, in Großbritannien 248. Der Rest ging ins europäische Ausland. Geplant waren 1100 Exemplare, bis Oktober 1992 wurden je nach Quelle 907 oder 988 Stück gebaut, letzteres ist die offiziell von Lotus bestätigte Zahl. Die Produktion dauerte von September 1990 bis Oktober 1992. Der Lotus Omega zog Diebe magisch an. Das sorgte für exorbitante Versicherungsprämien.

Innen Vollausstattung mit Conolly-Leder, der Tacho bis Tempo 300 skaliert, alle Uhren und Schalter rot beleuchtet.

Opel wollte den Wagen als familientauglichen Hochleistungswagen verstanden wissen, nicht als böses, Feuer spuckendes Monstrum. Das haben manche Kunden falsch verstanden und den Wagen tatsächlich im Alltagsbetrieb eingesetzt. Ein Hochleistungsgerät wie der Lotus Omega mag aber keine Kaltstarts und will nicht auf dem Aldi-Parkplatz stehen, er mag keine Staus und will keine Kinder aus der Schule abholen. Er quittierte diese Misshandlung mit Defekten. Diese waren so weit reichend, dass Opel/Vauxhall großzügige Kulanzen gewähren musste und die Produktion vorzeitig beendete. Es hat sich sogar eine Interessengemeinschaft der Lotus-Omega-Geschädigten gegründet, die gegen Opel vorging. Von den 393 Lotus-Omega-Eigentümern in Deutschland schlossen sich 92 zusammen. Sie waren von dauernden Pannen genervt. Die Zeitschrift *auto motor und sport* schrieb 1993: »Manche fahren schon mit dem dritten Motor, einige mussten Getriebe und Kupplungen häufiger wechseln lassen als der gemeine Opel-Astra-Fahrer das Motoröl.« Die Mehrheit, also die restlichen 300 Eigentümer, waren offenbar zufrieden, weil sie ihr Auto artgerecht behandelten. Letztlich fühlte sich Opel nur bedingt verantwortlich, denn der offizielle Hersteller war Lotus.

Schneller als Serie: Omega-Tuning

Das offizielle Opel-Tuning kam von Irmscher, das inoffizielle von den üblichen Verdächtigen. Sie überflügelten sich gegenseitig (sogar im wahrsten Sinne des Wortes), technisch und geschmacklich, und dennoch taten sie alle dasselbe: Sie individualisierten das Großserienauto und machten es schneller, passten die Technik dem Leistungszuwachs an und sorgten dank Bodykits dafür, dass die Amphetaminkur auch sichtbar wurde. Denn vielen Kunden ging es nur darum: um die Optik. Ihnen war also Viagra weniger wichtig als Botox.

4.0-24V, 272 PS im Irmscher-Omega. In den 80er Jahren war das unerhört in einer Limousine dieses Kalibers. Das ist kaum weniger als in einem Mercedes 500 E oder BMW M5, deutlich mehr als ein Evo 500. Der 4-Liter-Omega war ganz normal über Opel-Händler bestellbar.

Von Irmscher kamen überarbeitete Sechszylinder, auch mit Hubraumerhöhung auf 3,6 Liter mit 200 PS und 4 Liter mit 272 PS. Das wurde gerne kombiniert mit der Senator-Front am Omega Caravan.

Darüber hinaus gab es von Irmscher das absolute Rundum-Programm in Sachen Tuning mit Karosserieanbauteilen, dem damals sehr modischen Wurzelholzinterieur, speziellen Felgen und Auspuffanlagen. Irmscher kreierte auch Sondermodelle, die über das Opel-Händlernetz vertrieben wurden. Wer wollte, konnte seinen Serien-Omega auf den Evo-500-Look umrüsten. Mantzel bot einen Vierliter-Omega mit 260 PS an, dazu kam viel Kunststoff, vor allem im Spitzenmodell »Magnum M4000« mit seinen dreiteiligen Alus. Dazu gab es klassisches Motortuning in diversen Ausbaustufen: 2 Liter mit 135 bis 150 PS, 2,4 Liter mit 150 PS, 3 Liter mit 200 oder 215 PS, 3,9 Liter mit 218 PS, 4 Liter zwischen 235 und 290 PS.

»Magnum M4000« nannte Tuner Mantzel seine Omega-Ausbaustufe, aus dem 3.0 24V schuf er einen veritablen Vierlitermotor, und damit das jeder sieht, bekam der Wagen einen entsprechenden Karosseriekit inklusive edler Felgen.

Cover des Brinkmeyer-Prospektes. Der Omega sollte nicht unbedingt sportlicher, sondern eleganter werden. Das unterschied Brinkmeyer von seinen Tuning-Kollegen.

Ziemlich aggressiv wirkten auch die Karosseriebausätze von Lexmaul, eher elegant jene von CD-Design (dort gab es eine Turbo-Version des 3 Liter, dann 245 PS stark).

Auf dem Genfer Salon 1988 präsentierte Irmscher den Irmscher GT, ein optisch eigenständiges Kunststoff-Coupé auf Omega-A-Basis. Auch der Bitter Typ III (Coupé, Cabriolet und Limousine) basiert auf Omega-A-Bodengruppe und -technik. Beide Projekte verblieben im Prototypenstadium. Das gilt auch für den Pininfarina Chronos von 1991/92, einem Zweisitzer mit Glaskuppeldach auf verkürzter Omega-Plattform, Basis war der Lotus Omega. Pininfarina verstand den Chronos als reine Stylingstudie und versuchte dadurch, eine Eintrittskarte bei Opel zu erlangen. Das gelang nicht.

Der Omega 3000 mit von Irmscher hergestelltem 3,6-Liter-Motor mit 200 PS stellte die Mechanik für die Studie Irmscher GT von 1988.

Nur fünf Prototypen: Der Bitter Type 3 von 1987 auf verkürzter Omega-A-Basis war eine Totgeburt, wie so manche Idee des Erich Bitter. Oftmals war nicht er daran schuld. Die Umstände waren's! Es hätte eine Viertürer-Limousine, ein 2+2sitziges Coupé und ein Roadster werden sollen, eine ganze Familie, und der Plan war, sie in den USA über das Isuzu-Händlernetz zu verkaufen. Die Karosserien stammen von der italienischen Carrozzeria CECOMB. Zwei Exemplare existieren noch, drei wurden Opfer von Crahtests.

Die Primadonna des italienischen Designs, Sergio Pininfarina, schuf einen zweisitzigen Cousin des Lotus Omega, ein reines Concept Car ohne Aussicht auf Serienfertigung. Je nach Automesse trug der Pininfarina Chronos unterschiedliche Farben: zunächst, noch ohne Technik, Gelb auf dem Genfer Salon 1991 (Bild), dann auf den Messen in Detroit und Tokio Silber und, zuletzt als Chronos II von 1992, dunkelstes Blaumetallic, fast schwarz.

Stretch-Limo: Omegas von Armbruster und Wilcox

Den Omega A gab es nicht in den USA. Dennoch konstruierte der Karosseriebauer Armbruster & Stageway in Arkansas einen Stretch-Omega, der Initialauftrag erfolgte durch ein israelisches Taxiunternehmen. Opel übernahm die lange Limousine 1989 ins offizielle Programm. Der Achtsitzer mit umklappbarer mittlerer Sitzbank ist 5,58 Meter lang und sechstürig. In Deutschland wurde nur eine gute Handvoll verkauft, offenbar war der Wagen aber als Taxi in Israel ziemlich beliebt. Ein Exemplar ging an das Europa-Parlament in Straßburg.
Eine andere Interpretation des Themas stammte vom britischen Karosseriebauer Wilcox Carriage in Bolton, von dort stammt eine Langlimousine namens »Eagle Quest Mk II«. Es handelte sich um einen Vier- oder Sechstürer mit stark erhöhtem Dach, in Großbritannien beliebt als Begleitfahrzeug bei Beerdigungen. Weitere Käufer waren staatliche Einrichtungen, Flughafengesellschaften und Limousinenvermieter. Platzhirsch in Großbritannien war Coleman Milne, damals auf Ford Granada und Scorpio spezialisiert. Vauxhall versuchte, mit dem Eagle Quest dagegenzuhalten. Und wie Coleman Milne auf Ford-Basis, so schuf Wilcox Carriage auf Omega-Grundlage in erster Linie Bestattungsfahrzeuge.

In Deutschland wurden angeblich nur sechs Stück verkauft. Aber israelische Taxifahrer chauffierten gerne den sechstürigen Armbruster-Omega.

Im britischen Stil und für den britischen Markt, eine Entwicklung von Wilcox Carriage: Die Langlimousine Eagle Quest Mk II.

Kapitel 17

Der Letzte einer langen Reihe. Mit dem Omega B gab Opel das Segment der oberen Mittelklasse auf. Doch das letzte Modell war nochmals ein Paukenschlag. Mit dem Omega A wollte Opel in das Segment der gehobenen Mittelklasse aufsteigen, und mit dem Omega B hatte Opel dieses Ziel erreicht.
Damals war der Senator als letzter Vertreter der langen Reihe großer Opel-Wagen (Kapitän/Admiral/Diplomat) bereits gescheitert. Um die (wenigen) treuen Senator-Kunden weiterhin an die Marke zu binden, erhielt der Omega B die Aufgabe, sowohl den Omega A als auch den Senator zu ersetzen. Damit musste sich der Mittelklasse-Opel nicht mehr nur mit dem Ford Scorpio und der japanischen Standard-Ware herumschlagen, sondern auch gegen Fahrzeuge vom Schlage einer Mercedes E-Klasse, eines BMW der Fünfer-Reihe und des Audi A6 antreten. Das waren ganz andere Kundengruppen mit ganz anderen Erwartungen, und man muss sich fragen, was die Konzernlenker dabei dachten, als sie den Omega in diese ganz andere Liga zwangen. Er musste scheitern, auch wenn er gar nichts dafür konnte. Denn schlecht war er bei Weitem nicht. Ihm fehlte es wahrlich nicht an Qualitäten, sondern an der Reputation. Wer viel Geld für einen Wagen der Premiumklasse ausgibt, will eben einem Stern auf dem Kühler hinterher fahren oder die vier Ringe oder den weiß-blauen Propeller auf seinem Kofferraumdeckel sehen – nicht das Opel-Logo. So musste der Omega B ersatzlos abtreten. Offiziell ersetzte ihn Opel durch den Signum, einen aufgeblähten Vectra. Aber eben nur offiziell...

Der letzte große Opel

Als der Omega B präsentiert wurde, war niemandem klar, dass dies der letzte große Opel sein würde. Alles begann sehr optimistisch. Und optimistisch war auch die Formensprache des Omega B der ersten Generation, nennen wir ihn »Omega B1«, wie sich das hinterher, nachdem der Facelift-Omega erschienen war, einbürgerte. Kaum ein anderes Automobil schaute so freundlich in die Welt wie der Omega B1, er lachte richtiggehend. Als ihn Opel zum Omega B2 beförderte, war ihm das Lachen vergangen, was beinahe schon sinnbildlich zu verstehen ist. Der letzte Omega war ein ernster Wagen – und ein ernst zu nehmender. Eigentlich ist die zweite Generation des Omega B ein anderer Wagen als die erste. Opel hatte über 3000 Bauteile geändert und die Anmutungsqualität des Omega B2 war anders als beim B1, hier ging es wirklich um weit mehr als nur um ein Facelift. Opel hatte in der Vergangenheit schon bei weit weniger Änderungen eine neue Generation geschaffen (man denke nur an den Schritt vom Rekord A zum Rekord B). So gesehen, hätte der Omega B2 durchaus die Bezeichnung »Omega C« verdient. Seinen großen Auftritt hatte der Omega B2 auf der IAA 1999, und schon damals spekulierte die Fachpresse sehr laut darüber, ob dies der letzte große Opel sein würde. Auch mit Blick gen Köln. Ford hatte den 1995 lancierten, zweiten Scorpio 1997 leicht überarbeitet und bereits ein Jahr später in Rente geschickt: Im Frühjahr 1998 lief der letzte Scorpio vom Band – das Facelift hatte sich wahrlich nicht amortisiert. Opel hingegen investierte noch einmal kräftig in den Omega B2, vielleicht auch um die Scorpio-Kunden, die sich nun neu orientieren mussten, zu überzeugen. Doch insgeheim waren wohl auch die Rüsselsheimer damals nicht sicher, ob sich die viele Arbeit letztlich noch auszahlen würde. Vielleicht wäre ein Ende mit Schrecken, wie es Ford vollzog, besser gewesen.

Mit fließenden Linien, dem Zeitgeist entsprechend ohne Ecken und Kanten präsentierte Opel im März 1994 den Omega B1 (Vorserienproduktion ab Dezember 1993), gezeichnet von Herbert Killmer unter Wayne Cherry, der bis 1991 Designchef bei Opel und Vauxhall war und dies 1992, zurück in den USA, für GM weltweit wurde. Der Verkauf von Viertürer-Limousine und Caravan startete im März 1994.
Dank der nach vorne versetzten Frontscheibe – ein US-Stilelement mit dem Namen »cab forward design« – war der Innenraum bei gleichem Radstand größer als beim Vorgänger, und der Omega B1 zeigte sich als gut durchdachter Allround-Reisewagen. Der Caravan mit seiner nach außen bombierten Heckscheibe und der um 3,2 cm längeren Karosserie war von Anfang an sehr gefragt, sein Produktionsanteil lag bei über 50 Prozent. Sehr nettes Ausstattungsdetail im Caravan CD war der umlegbare Beifahrersitz, der eine Laderaumlänge von fast drei Metern gestattete.

So hätte es Opel gerne gesehen: Junges Paar, fröhliches Wetter, distinguierter Omega. Doch diese Zielgruppe war für den Omega, auch in der CD-Ausstattung, unerreichbar.

Den Achtventiler-2-Liter-Einspritzer mit 115 PS übernahm der Omega B1 bis Herbst 1998 als Einstiegsmotorisierung vom Vorgänger, doch von Anfang an offerierte Opel auch den »2.0 i 16V« mit 136 PS. Darüber rangierte der »2.5 i V6« mit 170 PS, das Topmodell »MV6« schöpfte – wie sein Vorgänger Omega A 3.0i – aus drei Litern Hubraum und brachte 211 PS. Mit diesem Wagen wollte Opel die Senator-Kundschaft halten und an längst vergangene Oberklassen-Glorien anknüpfen. Der MV6 war bei vergleichbarer Ausstattung 17.000 D-Mark preiswerter als der Senator. Doch hatte er nicht das Image eines Oberklasseautos. Für Vortrieb sorgte ein V6, der sein Debüt im April 1993 im Vectra/Calibra gegeben hatte. Dieser ersetzte den bisherigen Reihensechszylinder.

Neuer Sechsender: der 3.0 24V V6.

GM konstruierte den so genannten »54°-V6«, benannt nach seinem ungewöhnlichen Bankwinkel von 54 statt den üblichen 60° als überaus kompaktes Vierventil-Triebwerk, natürlich hochmodern mit Alu-Zylinderköpfen und je zwei obenliegenden Nockenwellen (DOHC). Er war auf eine rationelle Großserienfertigung ausgelegt, dank gleichem Zylinderwinkel und -abstand war ein einfach zu variierender Motorenbaukasten mit verschiedenen Hubraumstufen entstanden. Gebaut wurde der 54°-V6 zwischen 1993 und 2005 im Vauxhall-Werk in Ellesmere Port, und er fand sich im Motorraum praktisch eines jeden sechszylindrigen Opels. Es gab ihn bis 2001 als Motor-Typ L81 (2,5 und 3 Liter) und danach als LA3 (2,6 und 3,2 Liter). Den Dieselmotor kaufte Opel bei BMW zu, einen 2,5-Liter-Reihensechszylinder mit 130 PS aus dem BMW 525 tds; Ende 1997 ergänzt durch einen hauseigenen Ecotec-Diesel mit Direkteinspritzung (2.0 16V DTI mit 100 PS).

Als Ausstattungslinien offerierte Opel den Basis-Omega (Stahlfelgen mit Radkappen, Außenspiegelgehäuse schwarz, innen keine Holzoptik-Applikationen), als »CD« und »MV6«, jeweils mit unzähligen Extras und verschiedenen Komfortpaketen zu haben. 1996 kam zwischen Omega und Omega CD der Omega »Voyage« hinzu. 1997 wurde über dem CD der CD »Reflection« angesiedelt, 1998 folgte der Omega »Sport« mit dem MV6-Motor, aber ohne dessen teure Vollausstattung.

Spitzenmodell mit Spitzenausstattung

Der MV6 als Spitzenmodell war nämlich nicht nur besonders gut ausgestattet, sondern nahm auch stets einige Hightech-Spezifikationen voraus, die erst später in den niedriger angesiedelten Varianten Einzug hielten. Von Anfang an serienmäßig waren bei ihm Klimaanlage, Scheinwerferreinigung, CD-Radio und Heckscheibenrollo, technische Highlights waren die Servotronic-Lenkung, Airbags und beim Caravan eine hintere Niveauregulierung. 1997 kamen Sidebags, höhenverstellbares Lenkrad und Xenon-Scheinwerfer, Traktionskontrolle und sogar ein Navigationssystem (was damals ungewöhnlich war). Zum Schluss (2001) wertete Opel den Sechszylinder mit belüfteten Scheibenbremsen rundum auf. Interessanterweise versuchte Opel, das Topmodell ab dem Facelift zum B2 sogar vom restlichen Omega-Programm zu distanzieren. Die Werbetexter sprachen fortan vom Omega und vom Opel MV6 – das Publikum machte diese Differenzierung nicht mit und sah den MV6 selbstverständlich weiterhin als Omega-Variante. Interessantes Detail: Der Omega B war der erste Serienwagen mit Kunststoff-Streuscheiben für die Scheinwerfer, eine Hella-Entwicklung. Das Wort »Scheinwerferglas« gehörte also der Vergangenheit an. 1998 hielt Xenon-Beleuchtung statt H7-Scheinwerfern Einzug, die war aber nur im Omega Sport und MV6 serienmäßig, sonst aufpreispflichtig.

Omega B1 MV6, das Topmodell zwar, aber immer freundlich und lieb. Zu lieb für einen ernst zu nehmenden Wagen? Er lächelte nur während der ersten Hälfte seines Daseins.

In seiner Klasse verkaufte sich der Omega, vor allem als Limousine, nicht wunschgemäß, zumal er entgegen dem Ruf des Hauses unter Qualitätsproblemen litt. Das Argument, preiswerter als die Konkurrenz zu sein, spielte in dieser Liga keine Rolle. Also machte Opel aus der Not eine Tugend und stellte in der Omega-Werbung die Fragen: »Wie viel Prestige braucht der Mensch wirklich? Wo ist die ideale Balance zwischen der reinen Außenwirkung und dem sicheren, technisch perfekten, repräsentativen Automobil zu einem fairen und vernünftigen Preis?«

Letztes Aufgebot: Der Omega B2

Opel gönnte seinem Topmodell zur IAA 1999 eine so breite Auffrischungskur, dass man fast von einem neuen Auto sprechen konnte. Ein Opel Omega besteht aus rund 8000 Teilen. 3000 von ihnen wurden für das große Facelift des Omega B2 zum Modelljahr 2000 verändert und und Opel spendierte nunmehr endlich eine Zehnjahresgarantie gegen Durchrostung. Für die Journalisten- und Händlervorstellung ließ Opel sogar einen eigenen Omega-Sekt aus Riesling-Weinen kreieren, hergestellt vom Weingut Westerhaus. Es gehört einem Nachfahren eines der fünf Söhne Adam Opels. Opel hatte sich bei der Einführung viel Mühe gegeben und nicht nur Sekt ausgeschenkt. Publikumswirksam war beispielsweise eine Zwölf-Tage-Testfahrt von 20 Fahrern aus vier Nationen (ausgewählt unter 56.000 Bewerbern), die mit dem neuen Omega durch drei US-Bundesstaaten tourten.

Der neue Omega war auch optisch ein neuer Wagen. Das bisherige Lächeln im Frontbereich wich einem ernsten Blick, der Kühlergrill war nun Bestandteil der Motorhaube. Moderne Stylingelemente wie Scheinwerfer in Klarglasoptik und vermehrter Chromschmuck hielten ebenso Einzug wie eine wesentlich gehobenere Serienausstattung, ein völlig neu gestaltetes Cockpit und eine höherwertige Haptik, welche sämtliche Innenraummaterialien betraf. Elektronik griff zunehmend um sich, auch im Interieur – so zum Beispiel aktive Kopfstützen, Klimaautomatik mit Luftqualitätssensor oder Airbag mit Belegungserkennung für den Beifahrersitz. Darüber hinaus gab es neue Außenspiegel, Seitenschutz- und Schwellerleisten in Wagenfarbe, anders gestaltete Alufelgen und ein neuer Kofferraumdeckel bei der Limousine, den man nicht mehr mit der Hand öffnen musste, sondern via Schalter am Armaturenbrett oder mit der Funkfernbedienung. Beim Caravan, weiterhin häufiger als die Limousine verkauft, blieb die Heckklappe gleich, er zeigte aber neue Rücklichter. Die Kunden freuten sich über besseren Diebstahlschutz, der prompt seinen Niederschlag in günstigeren Einstufungen bei der Kaskoversicherung fand.

Die Ausstattungslinien waren nun »Omega«, »Sport« (15 mm tiefer gelegt, Sportsitze und Alu-Applikationen im Interieur), »Elegance« (mit Bordcomputer, Xenon-Leuchten und elektrischen Fensterhebern) und »Executive« (mit allen Extras und Lederfauteuils, er löste den MV6 ab).

Dazu kam ein Sondermodell, der »Edition 100« anlässlich des 100sten Opel-Geburtstags (bezogen auf die Automobilherstellung, nicht auf die Firmengründung). Dessen Ausstattung entsprach ungefähr dem früheren »CD Reflection«.

Gönn' Dir was: Omega B2 in Topausstattung, ein Executive mit Sechszylindermotor des letzten Produktionsjahres 2002/03, von einem älteren Herrn im Elsass bestens gepflegt.

Neue Motoren ...

Zum Modelljahr 2001 debütierten neue Motoren: Ein 2,6-Liter-90°-V6-Einspritzer mit 180 PS ersetzte den 10 PS schwächeren 2.5 i V6, als Basismotorisierung fungierte nun ein 2,2-Liter mit 144 PS. Der BMW-Sechszylinder-Diesel wurde gestrichen, der hauseigene 2-Liter-Vierzylinder-100-PS-Diesel wurde nach oben ergänzt (2.2 DTI mit 120 PS). Anfang 2001 bekam der bewährte 3-Liter eine Frischzellenkur und wurde zum 3,2-Liter-V6 mit 218 PS, und im Sommer – für das Modelljahr 2002 – rückte wieder ein BMW-Diesel als stärkster Selbstzünder in das Omega-Programm. Der 2,5-Liter-Common-Rail-Turbodiesel (2.5 DTI) mit sechs Zylindern und 150 PS war dem BMW 525d entliehen – ein typisches Vertreter-Langstreckenauto und der einzige Omega, der mit einem Fünfstufen-Automatikgetriebe gekoppelt werden konnte. Dieses stammte aus dem Opel-Werk Straßburg und wurde von Opel auch an BMW geliefert. So hatte also mancher Opel einen BMW-Motor und mancher BMW ein Opel-Automatikgetriebe. Das Fahrwerk des Omega B inklusive der Bremsen orientierte sich am Vorgänger, die Multilink-Hinterachse stammte vom Senator B.

... und viele neue Ausstattungen

Die letzten Modelljahrgänge brachten keine großen technischen Neuerungen mehr, doch die Ausstattungslinien wurden per 2001 neu sortiert: Omega »Club« hieß die bisherige Basis-Ausstattung mit Stahlfelgen und innen schwarz, eher für Großkunden als Flottenfahrzeug gedacht. Der »Selection« (ähnlich dem bisherigen Elegance, gerne von Mietwagenunternehmen gekauft) war unterhalb des »Sport« (wie bisher), angesiedelt, es kam der »Design Edition« (aufgewerteter Selection mit schwarzem Interieur, innen Alu- statt Holzdekor), während das Top-Modell, nun mit Wabengrill und dunkel getönten Rückleuchten, als »Executive Edition« auf Kundenjagd ging. Der 2002er Omega ist an weißen Seitenblinkern zu identifizieren, das war`s dann in Sachen Änderungen. Im letzten Modelljahr offerierte Opel die Limousine und den Caravan zum gleichen Preis. Nur die Ausstattungsbezeichnungen wurden noch einmal verwirrender durch weitere Sonder- und Aktionsmodelle – die Reaktion Opels auf die zurückgehenden Verkaufszahlen. Wie immer gab es Omega-Behördenfahrzeuge für Feuerwehr und Polizei. Gerade in der Schweiz und in Belgien war der Omega B der Standard-Streifenwagen, die Briten verwendeten den Vauxhall Omega. Die Bundeswehr beschaffte frühe Kommandeurswagen noch in mattem Grünoliv, spätere in glänzendem Königsblau. Das war preiswerter und diese Fahrzeuge ließen sich nach der Ausmusterung besser verkaufen. Auch die Feldjäger chauffierten Omega B. Und natürlich die Taxifahrer. Mit verlängertem Radstand diente der Omega B erneut als Basis für Bestattungswagen, nicht aber für Krankenwagen. Das war nun ganz die Domäne der Mercedes E-Klasse.

Vielfahrerauto, Vertreterauto, Langstreckenauto: Omega B2 2.0 DTI 16V, ein Ecotec-Diesel mit Direkteinspritzung.

Bis heute kein würdiger Ersatz

Das Ende aber war nahe: Im Frühjahr 2003 präsentierte Opel mit dem Signum eine aufgewertete Vectra-Kombiversion mit verlängertem Radstand und propagierte ihn als neuen Vertreter der oberen Mittelklasse. Kurz darauf ist der Omega sanft entschlafen. Ohne die Wiedervereinigung wäre die Zeit des Opel Omega womöglich schon früher abgelaufen. Doch durch den gehörigen Nachholbedarf in den neuen Bundesländern in den Jahren 1990 bis 1992/93 stiegen die Gebrauchtwagenpreise ins Unermessliche. Viele Omega-Fahrer trennten sich vorzeitig von ihrem Gebrauchten und ersetzten ihn durch einen neuen Omega, und prinzipiell waren Opel und VW in den neuen Bundesländern sehr gefragte Modelle. Doch als dieser Hype vorüber war, zeigte sich die normalisierte Situation. Und die sah, zum Leidwesen von Opel, so aus: In der Klasse jenseits von 50.000 D-Mark war ein Opel, egal wie gut er war, nicht mehr angesagt. Tatsächlich war dies das Ende von Opel in diesem schwer umkämpften und prestigeträchtigen Feld. Aus der Sicht des Opel-Enthusiasten mag dies bedauerlich sein. Marktwirtschaftlich war es sicherlich die richtige Entscheidung. Aber der Fan bedauerte damals das Fehlen schon der zweiten Opel-Kategorie: Nach der Oberklasse (Diplomat und Senator) gab Opel auch die gehobene Mittelklasse mit dem Omega auf und ersetzte ihn durch das Vectra-Derivat Signum. Genealogisch geht dieser auf den Ascona zurück, und er war einst das Bindeglied zwischen Kadett und Rekord gewesen. Und heute? Die größte Opel-Limousine im Jahre 2023 ist der Astra, der Kadett-Nachfahre, denn der Insignia als Vectra-Nachfolger ist seit Ende 2022 ebenfalls Geschichte. Alles darüber Hinausgehende sind Kleinwagen, SUVs oder Transporter. Ein neuer, elektrischer Insignia ist für 2024 angekündigt.

Der letzte Opel Omega B wurde in Rüsselsheim am 17. Juni 2003 gefertigt, insgesamt wurden 797.011 Omega B produziert. Bis Herbst 2003 blieb er in der offiziellen Angebots-Palette; auf Vorrat gefertigte Wagen wurden bis Sommer 2004 abverkauft; individuelle Bestellungen konnten also nicht mehr berücksichtigt werden. Der Produktionsauslauf des Omega B bedeutet auch die Abkehr Opels vom Heckantrieb – abgesehen von Nischenfahrzeugen wie dem Speedster oder dem GT '07, die keine originären Opel-Konstruktionen sind.

Schöne Werbefotos mit Promis sind stets gut. Die »schnellste Frau auf Kufen«, Gunda Niemann-Stirnemann, von Opel gesponsert, erhielt ihren Omega B2 Caravan Sport 3.0 aus den Händen von Opel-Rennleiter Volker Strycek und Werksfahrer Manuel Reuter. Passende Umgebung war der Sachsenring im Sommer 2000, wo das Opel-Werksteam bei der DTM startete.

Die Omega-Corvette

Einen letzten und verzweifelten Versuch, sich wieder in der Oberklasse zu positionieren, wagte Opel im Sommer 2001 und versah den Omega versuchsweise mit einem amerikanischen V8-Motor. Organspender des 315 PS starken 5,7-Liter-Blocks war die Chevrolet Corvette. Geplant als Limousine und als Caravan, ging ihm auf der IAA 1999 die Studie Omega V8 com voraus, ein um 13 Zentimeter verlängerter Caravan mit eben diesem Motor und vollgestopft mit Computer- und Kommunikationstechnik. Es war die Zeit, da Limousinen dieses Segments gerne mit bärenstarken Motoren ausgestattet wurden (Mercedes 400 E/500 E W 124, BMW 530i/540i E39), Autos für Freunde des Understatements und auch für Menschen, die mit der nächst höheren Fahrzeugklasse liebäugelten. Natürlich stellt sich die Frage, ob ein Omega dafür das richtige Vehikel war. Wer Omega fuhr, hatte sich für ein Auto ohne Image entschieden, und als Opel-Kunde hätte er mit einem Omega V8 sowie das Ende der Fahnenstange erreicht, darüber gab´s ja bei Opel nichts mehr. In die Serie schaffte es der für das Modelljahr 2002 geplante Omega V8 nicht, obgleich er bis zur Serienreife fertig entwickelt war. Man spricht von 32 gebauten Fahrzeugen. Es mag viele Gründe dafür gegeben haben, weshalb der Omega V8 nie in Serie ging, einer davon und sicherlich ein gewichtiger war, dass der Wagen konzernintern Konkurrenz durch andere GM-Produkte hatte. Und die hatten keinen so schlechten Leumund wie der Omega, der in Form des Cadillac Catera auf dem US-Markt bereits krachend gescheitert war.

Gestreckte Linienführung: um 13 Zentimeter verlängerter Omega V8 com als Studie auf der IAA 1999.

Born in Rüsselsheim, livin' in America: Wer ist Lisa Catera?

Amerikanische Gediegenheit, amerikanischer Komfort, amerikanischer Reichtum: Dafür steht Cadillac, im GM-Konzern die Spitzenmarke. Bis vor 30 Jahren gehörte zur Eintrittskarte in die Cadillac-Welt, mindestens graue Schläfen zu haben. Aber ein junges Image wurde Cadillac verordnet, neue Zielgruppen sollte Cadillac erreichen. Um Cadillac zu entgrauen und zu verbunten, wurde der Opel Omega als Einstiegs-Cadillac auserkoren – ausgerechnet ein Fahrzeug mit konservativem Heckantriebslayout für eine Palette an durchweg frontgetriebenen US-Cars. GM warb mit der Kombination aus amerikanischem Luxus und europäischer Fahrdynamik, auch mit »made in Germany« und wollte jenen US-Kunden eine Alternative bieten, denen ein Dreier-BMW oder eine Mercedes C-Klasse gefiel. Und genau hier scheiterte der Omega alias Cadillac Catera wie in Europa an seinem Äußeren. Bedeuten in den USA ein Mercedes oder ein »Bimmer« (US-Jargon für BMW) zur Schau gestellte Individualität und deutsche Ingenieurskunst, so fügte sich das eher ausdruckslos-beliebige Catera/Omega-Design in die Gleichförmigkeit damaliger US-Cars ein. Ein deutscher Opel eben, zwar mit einem selbstbewussten Cadillac-Chromgrill versehen, aber alles andere als demonstrativ visualisierter Luxus, also kein automobiles »Statement« – und eben dieses erwarteten Cadillac-Kunden, und keine schlichte Europa-Ästhetik.

Es ging schon mit dem Namen los. »Catera« mag zwar aus dem Griechischen kommen (von »katharos« = rein, und der Vorname »Katharina« leitet sich davon ab). Aber »Catera« erinnert gerade im amerikanischen Englisch eben an das »Catering«, also angeliefertes Essen. Spötter stellten dann auch schnell die Verbindung zum Essen auf Rädern des Sozialdienstes her. Und dann noch die Catera-Werbung, die so richtig daneben ging: Cindy Crawford lächelte besonders süß, denn sie war das Werbegirl für den Wagen. Das mochte ja noch passen. Doch GM kreierte außerdem einen bescheuerten Comicvogel namens »Ziggy« als

Catera vor dem Facelift, also der »fröhliche« Catera in der Farbe Cranberry 75. Der Wagen trägt typisch amerikanische Side Markers und Stoßstangenhörner. Das durchgehende, hintere Leuchtenband verfremdet die Omega-Anmutung am Catera sehr. Nach dem 1999er Facelift verlor er es.

Träger der Werbebotschaft »The Caddy that zigs«. Mit dieser Kampagne vergraulte Cadillac ihre im Marketing-Elfenbeinturm erdachte Klientel (gut verdienende akademische Jungfamilien), und wandte sich eher an intellektuelle Tiefflieger. Denn »to zig« bedeutet »sich im Zickzackkurs fortbewegen«, was für einen spurtreuen deutschen Autobahnstürmer ja alles andere als charakteristisch sein sollte. Damit nicht genug: Die GM-Radiowerbebotschaft ging ebenfalls komplett nach hinten los. Eigentlich lautete der Claim »Lease a Catera«, doch spöttische Moderatoren machten daraus: »Who's Lisa Catera?«, was eine Zeitlang zum Running Gag wurde. Peinlicher und verkaufsschädlicher ging es kaum, das hatte der Omega einfach nicht verdient.

Rüsselsheim stellte für die USA den Cadillac Catera ausschließlich als Limousine her, er debütierte im Januar 1994 als Cadillac »LSE« (= Luxury Sedan Europe) auf der Detroit Motor Show. Die Produktion lief zwischen Juli 1996 bis Anfang 2001, 101.500 Exemplare (andere Quelle: 95.000 Fahrzeuge) entstanden. Die Cadillac-Kunden haben ihn nie sonderlich gemocht.

Auf den ersten Blick gibt es, vom Chromgrill mit Cadillac-Emblem und die durch einen Streifen verbundenen Heckleuchten abgesehen, kaum einen Unterschied zum deutschen Omega MV6. Die Stoßstangen sehen etwas anders aus, weil sie den gesetzlichen US-Bestimmungen entsprechen mussten, wie überhaupt die hauptsächlichen Änderungen schlichtweg den US-Gesetzen geschuldet waren. Catera-Kunden orderten gerne verchromte Alufelgen und sie schwelgten in typisch US-amerikanischem Elektrikluxus mit Goodies, die ein Rüsselsheimer Omega auch nicht gegen Aufpreis zu bieten hatte. Der 3-Liter-MV6-Motor war modifiziert, 200 PS stark, aber bei Tempo 180 abgeregelt und ausschließlich mit amerikanischer Vierstufenautomatik zu haben. Aufgezogen wurden amerikanische Goodyear-Reifen, die nicht für deutsches Autobahn-Dauertempo geeignet waren, sondern für gemächliches Highway-Cruisen. Dafür aber glitten sie komfortabel weich über die Highways, mit hohem Abrollkomfort. 1999 folgte eine Sportversion, und kurz vor Produktionsstopp spendierte GM dem Catera hintere, innenbelüftete Scheibenbremsen. Die Teppiche waren besonders hochflorig und wurden von eingewebten Cadillac-Logos geschmückt.

Aus Marketinggründen wurde der Catera in den USA umgerechnet rund 20.000 D-Mark billiger angeboten als ein technisch nahezu identischer, aber weit schlechter ausgestatteter Omega MV6 in Europa. Deshalb untersagte GM auch, Cateras in Europa anzubieten – doch es gab Wagen mit Einzelzulassung in der Schweiz. Dabei handelte es sich vor allem um Dienstfahrzeuge des GM-Europa-Managements. Die werksinternen Versuche mit dem 5,7-Liter-V8-Motor aus der Corvette im Omega wurden von Opel mit Catera-Modellen unternommen.

Cadillac hatte von 30.000 bis 40.000 Verkäufen pro Jahr geträumt und schaffte innerhalb von fünf Jahren, nur rund 100.000 Cateras in Umlauf zu bringen. Im letzten Modelljahr 2001 waren es nur schäbige 10.000 Cateras, von denen damals niemand mehr Notiz nahm. Durch mechanische Probleme und eine (in den USA wesentlich mehr als in Europa

Catera-Werbung von 1998: The Caddy that zigs.

Mit einem Comicvogel mag man junge Leute dazu bringen, einen Opel Corsa zu kaufen. Aber man motiviert damit das gut verdienende, amerikanische Establishment nicht zum Kauf eines Cadillac.

thematisierte) Rückrufaktion verlor der Catera als Gebrauchtwagen rasant an Wert. Landläufig gilt er in den USA als »worst Cadillac ever«, als »schlechtester Cadillac aller Zeiten«.
Cadillac ersetzte den Catera 2001 durch den CTS, einer Eigenentwicklung, die auch im Cadillac-Europaprogramm war. Diese Europa-CTS wurden von Omega-V6-Motoren (2,6 oder 3,2 Litern) angetrieben.

Omega B weltweit: Australier in England

Südafrikanische Omegas kamen vom Rüsselsheimer Fließband, hatten Rechtssteuerung und ein etwas robusteres Fahrwerk. Auch der britische Vauxhall Omega stammte aus Rüsselsheimer Produktion, hatte den besonderen Kühlergrill, entsprechende Markenembleme und natürlich Rechtslenkung. Ein wenig Eigenständigkeit bewies Vauxhall bei den Ausstattungspaketen. Vauxhall importierte und bürgerte den australischen Holden Monaro auf Omega-Basis ein, angeboten als Vauxhall Monaro »VXR« mit dem 6-Liter-V8 aus der Corvette. Auf seiner Basis versuchte sich Erich Bitter einmal mehr im Autobau und kreierte 2003 den Bitter CD2. Nach dem Aus des Monaro importierte Vauxhall ab 2007 den viertürigen Holden Commodore VE als Vauxhall »VXR8« mit anfangs 411 und zuletzt bis zu 577 PS starkem 6-Liter-V8, also auf Basis der von Holden unabhängig von Opel konstruierten Commodore-Generation. Die Entwicklung war bei Holden Special Vehicles erfolgt. Vauxhall vermarktete den VXR8 als »Clubsport« (2007 bis 2009) und als VXR8 »GTS« (2010 bis 2017). In Großbritannien schlug er sich gut und hatte seine Nische im Revier von Mercedes E 55/E 63 AMG, BMW M 5 und Audi RS 6, denn die Briten sahen in ihm eher ein heimisches Produkt. Apropos Nische: Vauxhall importierte sogar die schärfste Version des Holden Ute auf die Insel, ein paar Exemplare nur, unter dem Namen Vauxhall »Maloo«. Der Holden-Import nach Großbritannien endete 2017 mit dem Holden-Produktionsende.
In Brasilien existierte der Chevrolet Omega, der nicht dem Opel Omega B entsprach, sondern dem Holden Commodore der Baureihe VE/VF, also dem in Australien selbst entwickelten Commodore (2006 bis 2017). Diesen Wagen gab es im Orient auch unter dem Namen Chevrolet »Lumina«, in den Vereinigten Arabischen Emiraten war er zeitweise der Polizeistreifenwagen schlechthin.

Britischer Omega B1 MV6, der Vauxhall Omega MV6 mit typischem Vauxhall-Grill, ansonsten made in Rüsselsheim und dem Rüsselsheimer Produkt entsprechend.

Das einzig Eigene, das GM seiner britischen Filiale zugestand, waren eigene Ausstattungspakete und -linien. Dieser Caravan ist ein Vauxhall Omega B2 Estate Elite von 2001, ein MV6 Caravan mit allen Extras inklusive Einpark-Sensoren, Navi und DVD-System für die hinten Sitzenden.

Ein Australier ist der Vauxhall Monaro VXR (in den USA als Pontiac GTO angeboten), Produktion 2001 bis 2005, 6-Liter-V8 mit 400 PS. Die beiden Lufthutzen auf der Motorhaube charakterisieren das abgebildete Modell als spätes Baujahr 2004/05.

Wirklich sehr speziell, zumindest in Europa: Vauxhall importierte den VXR8 auch in seiner Pickup-Version, den Vauxhall Maloo GTS, ein Pickup-Hochleistungszwitter mit 536 PS, der Traum eines jeden bestens verdienenden Handwerkers. Mit 271 km/h Topspeed der schnellste serienmäßige Pickup weltweit und deutlich dynamischer als ein Dodge RAM SRT-10.

Höhe- und Endpunkt: Vauxhall VXR8 GTS (2015 bis 2017) mit 577 PS aus 6,2 Litern dank Kompressoraufladung.

Nur als Sechszylinder in Brasilien gebaut: Der Chevrolet Omega entsprach dem australischen Holden, der wiederum nicht dem Opel Omega entsprach.

Sporttrikots aus Remshalden: Irmscher Omega

Mehr Optik als Technik verbaute Irmscher beim Omega B. Im Tuningbereich galt, was auch für den Fließband-Omega gültig war: Der Omega war kein spannendes Auto und kaum ein Tuner machte sich die Mühe, dafür ein größeres Programm zu entwickeln.

Irmscher baute keine hauseigenen Sondermodelle auf Omega B, auch keine, welche über das Opel-Vertriebsnetz angeboten wurden. Neben einem turboaufgeladenen Einzelstück auf MV6-Basis, einem Unikat für Günter Irmscher sen., das nach dessen Tode verkauft wurde, kümmerte sich Irmscher in Causa Omega B hauptsächlich um das Optiktuning: Karosserieanbausätze, Felgen, Auspuffanlagen, Heckflügel mit dritter

Bremsleuchte. Die 1993 wiederbelebte Firma Steinmetz bot einen 2-Liter-Turbo mit 270 PS, Sportfahrwerk, Steinmetz-Alus, Karosserieanbausatz und innen die damals in Mode kommenden Carbon-Einlagen. Von Keinath in Dettingen, bekannt für sehr spezielle Opel, stammt der Keinath GT, ein Roadster auf Omega-B-Basis mit optischen Anleihen an den Opel GT, Antrieb wahlweise 2-Liter-Vierzylinder oder 2,5- und 3,0-V6. Zwischen 1997 und 2000 entstanden 21 Exemplare des damals 180.000 D-Mark teuren Wagens. Auch Erich Bitter nahm sich des Omega B an und entwickelte die Viertürer-Limousine Bitter Berlina, Präsentation IAA 1995, und wieder blieb es beim Prototypen.

Typisches Optik-Tuning: Auf dem Genfer Salon 1994 präsentierte Irmscher den Irmscher MVS mit 7½ x 17-Zoll-Alus im »Soft-Stern-Design« und breiten 235/45 ZR 17-Reifen, innen Lederlenkrad, Türleisten im Carbon-Stil (damals brandneu!), beheizbare Sitze in Stoff-Leder-Kombination (Wasserbüffelleder).

Stahlchassis mit GfK-Karosserie und eine gehörige Portion GT-Allüren: Keinath GT als Playboy-Schlitten und Retro-GT, immer bereit, die allgemeine Aufmerksamkeit auf sich zu ziehen. Wie hier beim Jahrestreffen der Alt-Opel-IG in Altusried im Allgäu 2022.

MotorKlassik
MARKTPLATZ
»Von wegen
Fliegen ist schöner –
stimmt gar nicht!«
Kai Klauder
Redakteur
MOTOR KLASSIK
www.motor-klassik.de